Der Zebrafink

Taeniopygia guttata

von Prof. Dr. Klaus Immelmann, Braunschweig

Vierte, unveränderte Auflage

Mit 33 Abbildungen, 1 Farbtafel, 3 Textfiguren und 1 Karte

Die Neue Brehm-Bücherei

A. Ziemsen Verlag · Wittenberg Lutherstadt · 1973

Die Neue Brehm-Bücherei 390

Lizenz-Nr. 251–510/39/73 · ES 18/G/3 Druck: VEB Wissenschaftsdruck, Leipzig Printed in GDR
Bestellnummer 799 757 3

ISBN: 3-978-89432-778-1. Nachdruck der Auflage von 1973

Druck und Bindung: Klick-Verlag Media und Consulting GmbH, 14621 Schönwalde-Glien

Vorwort

Der farbenprächtige kleine Zebrafink aus Australien hat sich im Laufe der letzten Jahre zu einem der beliebtesten Käfig- und Volierenvögel entwickelt und ist auf dem besten Wege, selbst die Vormachtstellung von Wellensittich und Kanarienvogel abzulösen. Er ist neuerdings auch zu einem bevorzugten Studienobjekt für wissenschaftliche Forschungen geworden, an dem verschiedentlich Fragen von allgemeiner Bedeutung untersucht worden sind. Dadurch hat sich inzwischen eine große Fülle von Kenntnissen über den Zebrafinken angehäuft, die allerdings vielfach weit verstreut und an nicht ganz leicht zugänglichen Stellen publiziert worden sind. So erscheint es angebracht, den gegenwärtigen Stand unseres Wissens im Rahmen der Neuen Brehm-Bücherei einmal für einen breiteren Leserkreis zusammenfassend darzustellen.

Für mich selbst ist der Zebrafink gleichsam ein Schicksalsvogel geworden. Mit 12 Jahren erhielt ich mein erstes Pärchen, das in einen kleinen Käfig in einer winzigen Nachkriegswohnung einzog und dessen Brutvorbereitungen ich mit klopfendem Herzen verfolgte. Meine Sorgen waren völlig überflüssig, denn dieses Paar erbrachte gleich im ersten Jahr in fünf Bruten 28 Junge, die höchste Zahl, die ich jemals von einem Zebrafinkenpaar erzielte. (Der Leser, der das Kapitel „Zucht" in diesem Büchlein schon gelesen hat, wird schmunzelnd feststellen, in welch gröblicher Weise ich damals die heute gepriesenen Prinzipien verletzt habe!) Seit dieser Zeit war ich ständig von Zebrafinken umgeben: Am Zoologischen Institut der Universität Zürich fertigte ich auf Anregung meines verehrten Lehrers, Prof. Dr. Hans Steiner, meine Dissertation über die soziale Kommunikation beim Zebrafinken an; anschließend beobachtete ich auf einer einjährigen Forschungsreise nach Australien, die ich mit Unterstützung der Deutschen Forschungsgemeinschaft durchführen konnte, den Zebrafinken in seiner natürlichen Heimat und verglich sein Verhalten mit dem der domestizierten Tiere in Europa, und seit dem Sommer 1961 steht das Prägungsphänomen, das sich am Zebrafinken besonders gut untersuchen läßt, im Mittelpunkt meiner wissenschaftlichen Tätigkeit am Zoologischen Institut der Technischen Universität Braunschweig.

Die Ergebnisse dieser Untersuchungen sollen im 3. Teil des Büchleins referiert werden. Der 1. Teil ist der Biologie des Zebrafinken in seinem Heimatland Australien gewidmet, und im 2. Teil werden u. a. Anweisungen für seine Haltung und Zucht gegeben. Ich habe mich dabei ganz bewußt bemüht, auch hierbei immer wieder auf das Freileben zu verweisen, um aus den natürlichen Lebensgewohnheiten des Zebrafinken auch seine speziellen Ansprüche in Gefangenschaft abzuleiten und dem Vogelliebhaber verständlich zu machen.

Wahrscheinlich wäre meine Liebe zum Zebrafinken und damit mein Interesse für seine Biologie und sein Verhalten niemals so groß geworden, wenn meine diesbezüglichen, früh in Erscheinung getretenen Neigungen nicht von meiner Mutter durch ständige Unterstützung und Opferbereitschaft in großzügigster Weise gefördert und bestärkt worden wären. Hierfür werde ich ihr immer von Herzen dankbar sein. Großen Dank schulde ich auch meiner Frau, die mir von Anfang an in selbstloser Weise bei meinen Arbeiten und Versuchen geholfen hat und auch am Zustandekommen des vorliegenden Büchleins ganz entscheidend beteiligt ist.

Braunschweig, im Februar 1967 Klaus Immelmann

Inhaltsverzeichnis

1. Der Zebrafink in Australien ... 7
   1.1. Beschreibung ... 7
   1.2. Verbreitung ... 8
   1.3. Rassenbildung ... 8
   1.4. Lebensraum ... 9
   1.5. Ernährung und Nahrungsaufnahme ... 10
   1.6. Wasserhaushalt ... 11
   1.7. Lautäußerungen ... 14
   1.8. Brutbiologie ... 16
      1.8.1. Paarbildung ... 16
      1.8.2. Balzverhalten ... 25
      1.8.3. Nistplatzsuche ... 27
      1.8.4. Methoden des Paarzusammenhaltes ... 28
      1.8.5. Neststandort ... 28
      1.8.6. Nestbau ... 29
      1.8.7. Nest ... 32
      1.8.8. Gelege ... 32
      1.8.9. Brutverhalten ... 33
      1.8.10. Aufzucht der Jungen ... 34
      1.8.11. Entwicklung des Nestlings ... 35
      1.8.12. Verhaltensentwicklung des Jungvogels ... 36
   1.9. Geselliges Verhalten ... 39
   1.10. Beziehungen zu anderen Vögeln, Feinde ... 42
   1.11. Jahresperiodik ... 43
      1.11.1. Lage der Brutzeit ... 43
      1.11.2. Verbreitungsgrenzen, Wanderungen ... 45
      1.11.3. Anpassung an die unregelmäßige Lage der Brutzeit 49

2. Der Zebrafink in Gefangenschaft ... 54
   2.1. Geschichte der Haltung und Züchtung ... 54
   2.2. Der Zebrafink als Haustier ... 55
   2.3. Beschreibung der Farbzuchtrassen ... 65
   2.4. Die Vererbung der Farben ... 68
   2.5. Unterbringung ... 70
   2.6. Fütterung ... 72
   2.7. Zucht ... 74
   2.8. Bastarde ... 79

3. **Verhaltensforschung am Zebrafinken** 80
3.1. Woran erkennen sich Zebrafinken? 80
3.2. Wie beeinflußt die Domestikation das Verhalten des Zebrafinken? 85
3.2.1. Häufigkeit von Triebhandlungen 86
3.2.2. Störungen der Schemata 87
3.3. Zur Frage der Prägung 91
3.4. Entwicklung der Lautäußerungen 98

4. Schrifttum 101
4.1. Bücher 101
4.2. Zeitschriften 101
4.3. Im Text zitierte Einzelarbeiten aus Zeitschriften 101

1. Der Zebrafink in Australien

1.1. Beschreibung

Eine ausführliche Beschreibung des Zebrafinken gibt Wolters (in Immelmann-Steinbacher-Wolters 1965). Sie sei nachfolgend im Wortlaut wiedergegeben:

Männchen: Oberkopf und Hinterhals hellgrau, am Vorderrücken in das ziemlich fahle Graubraun von Rücken und Flügeldeckfedern übergehend; Schwingen ein wenig dunkler graubraun; Bürzel weiß, an den Seiten schwarz; Oberschwanzdeckfedern lang, fast bis zum Schwanzende reichend, schwarz mit großen weißen Spitzenflecken; Schwanz bräunlichschwarz; Zügel und vordere Wangen weiß, letztere vorn und hinten von je einem senkrecht nach unten verlaufenden schwarzen Strich begrenzt, wobei der eine die weiße Färbung gegen das Grau der Kehle, der andere sie gegen die gelblich kastanienbraunen restlichen Kopfseiten abgrenzt; Halsseiten silbergrau, Kehle und Kropfgegend bis zur Vorderbrust ebenso, schwarz quergewellt, die schwarzen Wellenlinien auf der Vorderbrust zu einem großen schwarzen Fleck zusammenfließend, der das Grau der Kehle nach hinten begrenzt; Körperseiten satt rötlich kastanienbraun mit zahlreichen weißen Tropfenflecken (je ein rundlicher weißer Fleck auf jeder Fahne der kastanienbraunen Federn); übriger Unterkörper weiß, gelblich überflogen. Auge rot; Schnabel rot; Füße fleischfarben. Länge etwa 10 cm.

Weibchen: Kopfseiten grau statt kastanienbraun, die schwarzweiße Zeichnung der Wangen aber wie beim Männchen, Kehle, Kropfgegend und Vorderbrust grau, ohne schwarze Querwellung; Körperseiten nicht kastanienbraun, sondern einfarbig hell bräunlichgrau und ohne Tropfenfleckung, übriger Unterkörper weiß.

Jungvogel dem Weibchen ähnlich, aber ohne schwarze Zeichnung an den Seiten der Wangen; Schnabel schwarz. Rachenzeichnung der Jungen: drei schwarze Punkte in der üblichen Anordnung, der mittlere Punkt am größten; unter den drei Punkten beiderseits je ein weiterer, halbmondförmig gebogener Fleck, Unterschnabel am Grunde mit schwarzer Halbmondzeichnung; Zunge mit zwei schwarzen Punkten (Fig. 1). Schnabelwülste der Nestjungen zunächst bläulich, später weiß, mit länglicher schwarzer Zeichnung beiderseits an Ober- und Unterschnabel.

Fig. 1. Rachenzeichnung des Jungvogels

1.2. Verbreitung

Der Zebrafink bewohnt den größten Teil des australischen Kontinents und einige der Kleinen Sundainseln (Flores, Sumba, Alor, Timor, Letti, Sermatta, Moa). Auf dem Festland fehlt er nur im äußersten Nordosten (Kap York-Halbinsel), im äußersten Südwesten und in einigen Teilen Südostaustraliens. Genauere Angaben zur Verbreitung des Zebrafinken in Australien werden im Zusammenhang mit der Lage der Brutzeit auf S. 45 ff. diskutiert (dort auch Verbreitungskarte).

1.3. Rassenbildung

Trotz seines sehr weiten Verbreitungsgebietes unterscheidet man beim Zebrafinken nur zwei geographische Rassen: die oben beschriebene Festlandform, *Taeniopygia guttata castanotis* (Gould), und die Nominatrasse, *Taeniopygia guttata guttata* (Vieill.), die auf den o. a. Inseln vorkommt. Letztere unterscheidet sich im Aussehen nicht unbeträchtlich von der Festlandrasse: Die Tiere sind insgesamt dunkler, Oberkopf und Hinterhals sind deutlicher braun und damit von der Farbe des Rückens kaum verschieden. Die „Zebrastreifung" der Brust fehlt in der Mitte völlig und ist nur an den Seiten schwach angedeutet. Im Ausmaß dieser Andeutungen bestehen Unterschiede zwischen den einzelnen Inseln.

Im Gegensatz zu anderen australischen Prachtfinken läßt der Zebrafink innerhalb des Kontinents keine Rassenbildung mehr erkennen. Diese Tatsache ist tiergeographisch sehr interessant. Sie hängt zweifellos mit dem sehr unregelmäßigen Klimaverlauf im Innern Australiens zusammen, an den sich die Tiere durch eine ausgesprochen nomadische Lebensweise angepaßt haben: Bei Dürreperioden unternehmen sie ausgedehnte Wanderungen, deren Richtung sich nach der jeweiligen Verteilung von Wasserstellen und Nahrung richtet und dementsprechend von Jahr zu Jahr wechseln kann. Auf diese Weise vermischen sich die verschiedenen Populationen von Zeit zu Zeit immer wieder, und die Entstehung geographischer Rassen ist unter diesen Umständen nicht möglich. Deshalb repräsentieren die Vogelarten Zentralaustraliens im allgemeinen jeweils eine einheitliche Art ohne Rassengliederung, während die küstenbewohnenden Arten wesentlich seßhafter und daher häufig in mehrere Unterarten aufgespalten sind (vgl. Keast 1961). Weitere Inlandvögel ohne Rassenbildung sind Schopftaube, Diamanttäubchen, Wellensittich, Nymphensittich und Bourkesittich. Diese Erscheinung habe ich an anderer Stelle ausführlich erörtert (1966, S. 115).

1.4. Lebensraum

Seiner weiten Verbreitung entsprechend kommt der Zebrafink in sehr verschiedenen Lebensräumen vor und kann allgemein als einer der anspruchslosesten und deshalb zahlenmäßig häufigsten Kleinvögel Australiens gelten. Er bewohnt hauptsächlich offene Grasflächen mit einzelnen Büschen und Bäumen. Ursprünglicher Lebensraum sind vermutlich die Trockengebiete im Innern des Kontinents, wo er infolge seiner Abhängigkeit vom Oberflächenwasser (S. 12) an die Nähe von Wasserläufen oder Wasserlöchern gebunden ist. Hier findet man ihn namentlich in den ausgedehnten Grassteppen mit lichtem Baum- und Strauchbewuchs (*Eucalyptus-*, *Hakea-* und *Acacia*-Arten). Seit der Schaffung künstlicher Wasserstellen (Brunnen, Viehtränken) hat er jedoch noch weitere Lebensräume Inneraustraliens besiedelt, die ihm vorher keine Existenzmöglichkeiten boten. Zu ihnen gehören die „Mulga", eine niedrige Strauchsteppe (*Acacia aneura)* mit spärlichem Grasunterwuchs (Abb. 1), und das „Spinifex-Land", ein mit „Stachelschweingras" (*Triodia*-Arten) bestandenes Sanddünengebiet, in dem er allerdings nur dort vorkommt, wo einige Sträucher zur Anlage des Nestes zur Verfügung stehen (Abb. 2).

In allen übrigen Teilen seines Verbreitungsgebietes bewohnt der Zebrafink — der dichteren Vegetation dieser Gebiete entsprechend — etwas geschlossenere Lebensräume. In Nordwest- und Nordaustralien traf ich ihn u. a. in den weiträumigen Savannenlandschaften, in denen verschiedene bis zu 10 m hohe Eukalyptusarten vorherrschen (Abb. 3). Lediglich die geschlossenen Galeriewälder am Ufer der Flüsse und Creeks werden völlig gemieden. In den dichter besiedelten Gebieten des östlichen, südlichen und südwestlichen Australien bevorzugt er heute vom Menschen geschaffene Biotope: Er lebt in Garten-, Weide- und Ackerbaulandschaften, die von einzelnen Busch- und Baumgruppen durchsetzt sind (Abb. 4). Die Art kann also als ein ausgesprochener Kulturfolger gelten und wird selbst in unmittelbarer Nähe von bewohnten Gebäuden, auf Schulhöfen und an belebten Wegen und Straßen brütend angetroffen. Interessanterweise ist diese Bindung an den Menschen in Zentralaustralien offenbar noch stärker ausgeprägt als in den küstennahen Gebieten. So fand man im Zentrum mehrfach sogar Zebrafinkennester im Innern von Häusern, und in Alice Springs brütete ein Paar im Wandregal einer Schmiede, in der täglich gearbeitet wurde. Offenbar wird der engere Anschluß an den Menschen dadurch bedingt, daß die Unterschiede zwischen dem nahrungs- und wasserarmen natürlichen Lebensraum und den künstlich bewässerten Gärten und Feldern im ariden Zentralaustralien natürlich viel stärker ausgeprägt sind als in den von Natur aus feuchteren Küstenregionen. Ähnliche geographische Unterschiede im Anschlußbedürfnis an den Menschen sind auch von anderen australischen Vogelarten bekannt.

1.5. Ernährung und Nahrungsaufnahme

Zebrafinken sind Körnerfresser, die nur selten zusätzlich einzelne Insekten aufnehmen. In den dünn besiedelten Gebieten im Norden und Zentrum Australiens ernähren sie sich fast ausschließlich von den verschiedensten Wildgräsern. Im Osten, Süden und Südwesten dagegen, wo die Vegetation durch eingeführte und eingeschleppte europäische und nordamerikanische Pflanzenarten heute in vielfältiger Weise verändert worden ist, hat sich auch der Zebrafink in seiner Ernährungsweise mehr oder minder stark den neuen Verhältnissen angepaßt. So lebt er in einzelnen Gebieten jetzt fast ausschließlich von verschiedenen Ackerunkräutern. Unter ihnen spielt das aus Europa eingeführte Einjährige Rispengras *(Poa annua)* eine besondere Rolle. Neben den Samenkörnern fressen Zebrafinken gern die Spitzen junger Grastriebe, die gerade die Erde durchbrochen haben.

Die Sämereien werden nach Möglichkeit in halbreifem Zustand aufgenommen, was jedoch in den meisten Teilen des Verbreitungsgebietes nur während einer relativ kurzen Jahreszeit möglich ist (S. 43). In den übrigen Monaten müssen die Tiere mit trockenen Samen vorlieb nehmen. Die Nahrung wird in den meisten Fällen einfach vom Boden aufgelesen. Gelegentlich werden auch einzelne Körner mit schüttelnden Kopfbewegungen aus liegenden Ähren herausgeholt oder anstehende Ähren vom Boden aus angesprungen. Zebrafinken sind nicht in der Lage, Nahrung nach der Art der *Lonchura*-Arten und anderer Prachtfinken mit dem Fuß festzuhalten.

Zusätzlich erbeuten Zebrafinken einzelne Insekten, namentlich Hautflügler und Fliegen. Sie fangen ihre Beute von einer Sitzwarte aufsteigend in kurzem Flatterflug und kehren in der Regel zum Ausgangspunkt zurück. Die Beute wird ohne weitere Zubereitung unzerkleinert verschluckt. In den subtropischen Klimabezirken Australiens werden häufig die nach den ersten Schauern der Regenzeit ausschwärmenden geflügelten Geschlechtstiere von Ameisen und Termiten erbeutet. Im Gegensatz zu den meisten anderen Prachtfinken steigt der Anteil der Insektennahrung zur Brutzeit nur unwesentlich an.

1.6. Wasserhaushalt

Der australische Zebrafink ist ein ausgesprochener Trockenvogel: Sein Verbreitungsgebiet umfaßt selbst die trockensten Gegenden des Erdteils, während er die einzigen Gebiete, die nicht als arid bezeichnet werden müssen – der äußerste Nordosten und ein schmaler Küstenstreifen im Osten und Süden – fast völlig meidet. Es ist verständlich, daß ein an so extreme Lebensräume angepaßter Vogel zur Ergründung der physiologischen Mechanismen reizt, die eine derart weitgehende Anpassung ermöglichen. Das schwerwiegendste Problem stellt zweifellos der Wasserhaushalt dar: Während der in Zentralaustralien durchaus nicht seltenen monate- oder jahrelangen Dürreperioden können über weite Gebiete alle Wasserstellen austrocknen oder so stark eindunsten, daß ihr Salzgehalt weit über das normale Ausmaß ansteigt. Zwar sind die Tiere in der Lage, allmählich aus dem von der Trockenheit betroffenen Gebiet auszuwandern, doch scheint diese Möglichkeit infolge der großen Entfernungen nicht immer sofort gegeben zu sein und zusätzliche physiologische Anpassungen erforderlich zu machen.

Die umfangreichste Untersuchung zu diesem Fragenkreis stammt von Cade, Tobin und Gold (1965). Sie setzten Zebrafinken verschieden langen Durstzeiten und verschieden hohen Salzkonzentrationen ihres Trinkwassers aus und kamen zu erstaunlichen Ergebnissen: So konnten sie die Tiere wochen- und monatelang (Dauer des längsten Versuches: 250 Tage!) ohne jedes Trinkwasser halten, während die zum Vergleich herangezogenen afrikanischen Grauastrilde *(Estrilda troglodytes)* unter den gleichen Bedingungen spätestens nach drei Tagen starben. Ferner nahmen Grauastrilde, deren Wasseraufnahme nicht beschränkt wurde, täglich 42 % ihres Körpergewichts an Flüssigkeit auf, während der entsprechende Vergleichswert für Zebrafinken bei 24 % lag. Ein Temperaturanstieg von 20 auf 40 °C hatte außerdem bei ersteren ein rapides Ansteigen des täglichen Trinkwasserbedarfs (auf bis zu 100 % des Körpergewichtes), bei Zebrafinken jedoch kaum eine Veränderung zur Folge. Oksche, Farner, Serventy, Wolff und Nicholls (1963) stellten fest, daß Zebrafinken, die als einzige Flüssigkeit eine relativ konzentrierte (0,6 molare) Kochsalzlösung zu trinken bekamen, noch ein völlig normales Körpergewicht aufrecht erhalten konnten und einige Tiere sogar bei 0,7 bis 0,8 molaren Lösungen – wenn auch mit reduziertem Gewicht – überlebten, während alle anderen bisher untersuchten Kleinvögel schon bei weit niedrigeren Konzentrationen zugrunde gehen.

Auch die physiologischen Besonderheiten, die dem erstaunlich geringen Wasserbedarf des Zebrafinken zugrunde liegen, sind durch die Untersuchungen von Cade und Mitarbeitern relativ gut bekannt: Sie beruhen ganz einfach auf einer drastischen Einschränkung der Wasserabgabe. Weil diese nun in erster Linie durch die Exkrete und mit der Atemluft erfolgt, sind sowohl die Nieren als auch die Lungen an der Anpassung beteiligt: Die Nieren haben die Fähigkeit, nahezu alles Wasser zurückzuhalten, weshalb Zebrafinken extrem trockenen Kot abgeben und nur wenig Flüssigkeit mit den Exkrementen verlieren. Auch die Lungen halten mehr Feuchtigkeit zurück als die vergleichbarer Kleinvögel: So verlieren Grauastrilde bei einer Raumtemperatur zwischen 2 und 37 °C mit der Atemluft stündlich 12 mg Wasser pro Gramm Körpergewicht, Zebrafinken dagegen nur 8,6 mg. Die Ursache für diese Reduktion ist noch nicht bekannt. Cade vermutet einen veränderten Mechanismus der Lungenventilation, durch den die eingeatmete Luft besser für den Gasaustausch ausgenutzt werden kann, so daß insgesamt weniger Luft die Lungen passieren muß. So könnten beispielsweise einige Luftsäcke, die ja nur der Reduktion des spezifischen Gewichtes, nicht aber der Atmung dienen, zeitweise durch Muskeln geschlossen und damit vom ständigen Luftwechsel ausgeschlossen sein.

Die reduzierte Wasserabgabe durch die Lungen „funktioniert" allerdings nur bis zu einer Temperatur von etwa 38 °C. Darüber steigt sie plötzlich sehr steil an, weil dann der kritische Punkt erreicht ist, an dem der Organismus aktiv um einen Wärmeabfluß bemüht sein muß, damit die Wärmebilanz aufrecht erhalten und ein Hitzestau vermieden werden kann. Eine derartige aktive Kühlung kann jedoch nur durch Verdunstungskälte erreicht werden, und diese wiederum erfordert die Abgabe von Wasser durch die Lungen. Bei hohen Temperaturen liegen also zwei lebensnotwendige Erfordernisse miteinander im Widerstreit: der Zwang, Wasser zu sparen, und die Notwendigkeit, durch Verdunstung zu kühlen. Und aus der Unvereinbarkeit dieser beiden Prozesse läßt sich mühelos die schon oft beobachtete Tatsache erklären, daß Zebrafinken zwar die mit der kühlen Jahreszeit zusammenfallende Trockenzeit in Nordaustralien ohne größeren Schaden überstehen, bei Dürreperioden während der sommerlichen Hitze in Zentralaustralien jedoch zu Tausenden und Millionen verdursten.

Trotz der hochentwickelten Anpassungen im Wasserhaushalt halten sich Zebrafinken in Freiheit jedoch nach Möglichkeit stets in unmittelbarer Wassernähe auf und kommen mehrmals täglich zur Tränke, d. h., die physiologischen Anpassungen sind offenbar nur für den „Notfall" gedacht. Die Bindung der Tiere an offenes Wasser ist sogar so stark, daß ihre Anwesenheit stets als sicheres Anzeichen für die Nähe einer Wasserstelle gewertet wird und manchem Reisenden in früheren Zeiten deren Auffinden erleichtert hat.

Eine häufige Wasseraufnahme jedoch erfordert nun ihrerseits wieder neue, anders geartete Anpassungen: Gerade in den Trockengebieten mit nur spärlicher Vegetation sind Kleinvögel an der offenen Wasserstelle infolge geringer oder fehlender Deckung besonders gefährdet und werden leicht zur Beute der aus der Luft herabstoßenden Greifvögel. Sie müssen daher darauf bedacht sein, möglichst kurz an der Tränke zu verweilen. Zebrafinken haben hierfür eine Eigenart entwickelt, die es ihnen ermöglicht, die für die Wasseraufnahme benötigte Zeit ganz beträchtlich herabzusetzen: Sie trinken im Gegensatz zu fast allen anderen Kleinvögeln taubenartig saugend, d. h., sie pumpen das Wasser bei eingetauchtem Schnabel durch peristaltische Bewegungen des vorderen Oesophagus ein (Abb. 5) und brauchen damit zwischendurch nicht den Kopf zu heben, sparen also die bei der üblichen Einzelschluck-Methode hierfür benötigte Zeit und halten sich daher stets nur wenige Sekunden am Wasser auf.

Saugtrinken hat sich auch bei einigen anderen australischen Prachtfinken entwickelt, und zwar mehrfach unabhängig voneinander jeweils bei denjenigen Arten, die besonders weit in die Trockengebiete Nord- und Zentralaustraliens vorgedrungen sind (Fig. 2). So ist der Diamantfink *(Zonaeginthus guttatus)* Saugtrinker, nicht aber die beiden nahe verwandten, jedoch in Küstennähe lebenden Feuerschwanzamadinen *(Zonaeginthus bellus* und *Z. oculatus)*. Auch die Gouldamadine *(Chloebia gouldiae)* saugt, während die nahe mit ihr verwandten, auf den

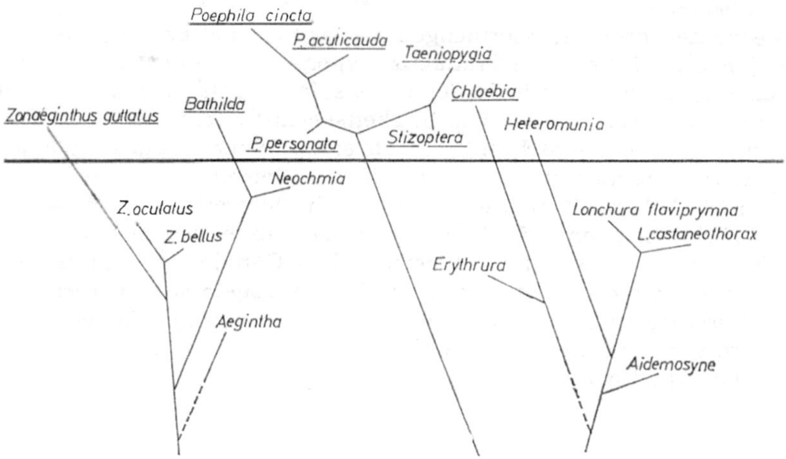

Fig. 2. Verbreitung des Saugtrinkens unter den australischen Prachtfinken. Über der ausgezogenen Linie sind die Bewohner arider Gebiete, darunter die Bewohner der feuchteren Küstenzonen aufgeführt. Die unterstrichenen Arten sind Saugtrinker. Die Verbindungslinien sollen die vermutlichen verwandtschaftlichen Beziehungen zwischen den Arten und Gattungen aufzeigen

(wesentlich feuchteren) südpazifischen Inseln lebenden Papageiamadinen (Gattung *Erythrura)* nach Hühnerart trinken. Der gleiche Unterschied besteht zwischen dem Binsenastrild *(Bathilda ruficauda)*, der in offenem Grasland lebt und taubenartig saugt, und dem ihm verwandtschaftlich sehr nahestehenden Sonnenastrild *(Neochmia phaeton)*, der zwar eine ähnliche geographische Verbreitung hat wie der Binsenastrild, der aber innerhalb dieses Verbreitungsgebietes streng an die Galeriewaldstreifen der permanenten und periodischen Wasserläufe gebunden und durch deren dichte Vegetation viel besser geschützt ist. Er hat sein Trinkverhalten nicht zu verändern brauchen und trinkt weiterhin in Einzelschlucken. Saugtrinker sind schließlich auch der Ringelastrild *(Stizoptera bichenovii)* und die drei Arten der Gattung *Poephila*, die die höchste Vollendung dieses Verhaltens erreicht haben und bis zu 21 sek. ohne Unterbrechung pumpend beobachtet wurden (Abb. 6).

Das Saugtrinken bietet neben der Zeitverkürzung wahrscheinlich noch einen weiteren Vorteil: Es setzt den Vogel in die Lage, selbst noch die kleinsten Wasseransammlungen (z. B. Tautropfen) „aufzuschlürfen". Diese Fähigkeit kann in Nordaustralien namentlich zur Trockenzeit, wenn die meisten Wasserstellen ausgetrocknet sind, wenn es aber infolge der kühleren Nächte allmorgendlich zur Taubildung kommt, von entscheidender Bedeutung sein und hat wahrscheinlich mit zur dauerhaften Besiedlung der Trockenräume durch Prachtfinken beigetragen.

Zusammenfassend läßt sich sagen, daß der Zebrafink in seinem gesamten Wasserhaushalt in ganz hervorragender Weise an seinen Lebensraum angepaßt ist. Durch eine besondere Trinkweise kann er innerhalb kürzester Zeit große Wassermengen aufnehmen und braucht sich daher nicht lange an der offenen Tränke zu exponieren. Trocknen die Wasserstellen aus und ist er nicht in der Lage, sofort wieder Wasser zu finden, so kann er andererseits den Feuchtigkeitsverlust durch Nieren und Lungen so weitgehend einschränken, daß er wochenlang auch ohne jedes Trinkwasser auszukommen vermag. Dieses Beispiel, das absichtlich so ausführlich behandelt wurde, zeigt, welch tiefgreifende Anpassungen erforderlich sind, um die Existenz in den extrem lebensfeindlichen Halbwüsten Inneraustraliens zu ermöglichen. Gerade diese Anpassungen sind es auch, die die Erforschung von Wüstenvögeln so außerordentlich reizvoll erscheinen lassen. Ganz ähnliche Eigenarten im Wasserhaushalt sind auch von dem im gleichen Gebiet lebenden Wellensittich *(Melopsittacus undulatus)* bekannt.

1.7. Lautäußerungen

Der Zebrafink verfügt über eine Vielfalt von Lautäußerungen. Sie lassen sich in verschiedene Ruftypen einteilen, doch bestehen sowohl im Klangbild als auch in der Anwendung zahlreiche Nuancen und Übergänge. Es sollen daher nachfolgend nur die wichtigsten Lautäußerungen kurz charakterisiert werden:

Lockruf: Der wie ein langgezogenes, kindertrompetenartiges „tiää" klingende Lockruf ist der lauteste Ruf des Zebrafinken. Er variiert je nach Anwendung in Lautstärke und Länge und wird mitunter gereiht, beim Männchen stärker als beim Weibchen. Er dient dem Zusammenhalt der Gruppe, von deren Mitgliedern er in kurzen Abständen ausgestoßen wird. Je größer eine Kolonie oder ein Schwarm ist, desto zahlreicher und lauter sind die Lockrufe jedes Einzeltieres. Neuankömmlinge werden schon von weitem mit lauten Lockrufen begrüßt, die auch versprengten Exemplaren – zu einem langgezogenen „Verlassenheitsruf" gesteigert – die Rückkehr zur Gruppe erleichtern. Der Lockruf dient auch als Flugruf. Wiederum besteht ein Zusammenhang zwischen der Größe der Gruppe und der Häufigkeit ihrer Lautäußerungen. Einzelvögel fliegen mitunter stumm. – Ein echter Warnruf fehlt, doch kann ein besonders hoher und klagender Lockruf dessen Funktion ausüben. Besonders bei Gefahr am Brutnest warnen beide Eltern auf diese Weise.

Stimmfühlungslaut: Dieser wesentlich leisere, wie „det" klingende Ruf kann den Kontakt zwischen Artgenossen nur über kurze Strecken aufrecht erhalten. Mit ihm verständigen sich Paare oder kleine Gruppen. Wie sehr die Art der Lautäußerungen von der Umgebung beeinflußt werden kann, zeigt die Beobachtung, daß einzeln brütende Paare fast nur Stimmfühlungslaute benutzen und oft tagelang keinen Lockruf hören lassen, während in großen Brutkolonien andererseits der Lockruf die weitaus häufigste Lautäußerung ist.

Nestlockruf: Der Nestlockruf klingt wie das ferne, hohe Wimmern eines kleinen Kindes. Er ist langgezogener als die anderen Lautäußerungen und ist wahrscheinlich – wie der Vergleich mit anderen Prachtfinken lehrt – stammesgeschichtlich aus einer zusammengezogenen Reihe von Stimmfühlungslauten hervorgegangen. Man hört ihn hauptsächlich auf der Nistplatzsuche (S. 27).

Begattungslaut: Während der ganzen Dauer der Kopulation stoßen beide Geschlechter eine leise und schnelle, gequetschte Rufreihe aus, die sich kaum von den entsprechenden Lautäußerungen des Ringelastrilds und der drei *Poephila*-Arten unterscheidet.

Wutlaut: Der wie „wssst" klingende, stimmlose Wutlaut wird beim Verjagen eines Artgenossen ausgestoßen. Er ertönt im Sitzen unmittelbar vor dem Abflug zu einem neuen Angriff. Er ist ebenfalls bei beiden Geschlechtern in gleicher Weise vorhanden und kann ausnahmsweise auch bei der Verfolgung von Artfremden benutzt werden.

G e s a n g : Das Männchen verfügt über eine kurze, stereotype Gesangsstrophe. Sie wird während der Balz in pausenloser Folge vorgetragen, tritt aber auch außerhalb der Balz als sogenannter „ungerichteter“ Gesang auf (Abb. 7). Wie bei allen Prachtfinken (vgl. H a l l 1962), so ist auch beim Zebrafinken der Gesang niemals aggressiv motiviert. Er richtet sich daher – ganz im Gegensatz zur Mehrzahl der Vogelgesänge – auch niemals gegen männliche Artgenossen und dient niemals zu Reviermarkierung, sondern ausschließlich zur geschlechtlichen Stimulation des Weibchens während der Balz.

Die Bedeutung des erwähnten u n g e r i c h t e t e n Gesanges ist noch nicht restlos geklärt. Er ist niemals auf Artgenossen gerichtet und wird durch deren Anwesenheit auch nur wenig beeinflußt. Niemals erfolgt eine direkte Reaktion von seiten anderer Zebrafinken, allenfalls ist in großen Gruppen eine allgemeine Hebung der Singstimmung festzustellen. Hierin entspricht der Gesang dem Lockruf. Der ungerichtete Gesang kann zahlreiche andere Handlungsweisen (Nahrungssuche, Nestbau) begleiten. Am Abend singen die Tiere im Innern des Schlafnestes. Ein Männchen in einer Kolonie in Südwestaustralien kämpfte minutenlang mit dem Schlaf, wachte immer wieder auf, trug eine Strophe vor und schlief wieder ein, bis es nach 11 Strophen endgültig vom Schlaf übermannt wurde. Den Rekord stellte jedoch ein Männchen auf, daß während des Gefiederputzens in 5 Minuten 17mal sang. Jahreszeitliche Unterschiede in der Gesangshäufigkeit sind nicht feststellbar. Selbst auf dem Höhepunkt der Mauser wird mit gleicher Häufigkeit gesungen. – M o r r i s (1954) deutet den ungerichteten Gesang des Zebrafinken als ein Zeichen einer bei dieser Art ständig vorhandenen sexuellen Erregung. Diese Deutung stimmt recht gut mit den unabhängig gesammelten Befunden anderer Autoren überein, die bei dieser Art sowohl in Gefangenschaft als auch in Freiheit tatsächlich eine ständige Keimdrüsenaktivität feststellen konnten (S. 53). Sekundär hat der ungerichtete Gesang offenbar eine Bedeutungserweiterung erfahren: Er kann innerhalb der Gruppe dem akustischen Zusammenhalt dienen und hat damit teilweise die Aufgabe des Lockrufes übernommen. Hier bahnt sich eine gewisse soziale Bedeutung an, die bei vielen anderen Prachtfinkenarten noch wesentlich weiter entwickelt ist (I m m e l m a n n 1968). Die Entwicklung des Zebrafinkengesanges wird auf S. 98 dargestellt.

1.8. Brutbiologie

1.8.1. Paarbildung

Die Paarbildung findet in den ganzjährig bestehenden Schwärmen (S. 39) statt. Dort singt das paarungswillige Männchen nacheinander mehrere Weibchen an. Ist das Weibchen bereits verpaart, so reagiert es

Abb. 1. Mulga-Strauchsteppe im westlichen Zentralaustralien

Abb. 2. Spinifex-Grasland mit einzelnen Strauchgruppen in der Nähe von Alice Springs, Zentralaustralien

Abb. 3. Lichte Eukalyptus-Savanne in den Kimberleys, Nordwestaustralien

Abb. 4. Weideland mit verstreuten Waldresten als heutiger Lebensraum des Zebrafinken in Südwestaustralien in der Nähe der Stadt York

Abb. 5. Saugtrinkender Zebrafink

Abb. 6. Saugtrinkende Spitzschwanzamadine

Abb. 7. Singender Zebrafink

Abb. 8. Balzende Zebrafinken. Das Männchen nähert sich singend dem Weibchen. Die Federn der Farbabzeichen und das Bauchgefieder sind abgespreizt, das Stirngefieder ist eng angelegt. Das Weibchen dreht den Schwanz in Richtung auf das Männchen

Abb. 9. Balzende Zebrafinken kurz vor der Kopulation. Das Männchen richtet sich mit extrem gesträubtem Bauchgefieder auf, während sich das Weibchen bereits duckt und die Federn der Kloakenregion abspreizt

Abb. 10. Zebrafinkenweibchen „begrüßt" ein Männchen mit durchgebogenen Laufgelenken, zugedrehtem Schwanz und gesträubtem Bauchgefieder

Abb. 11. Zebrafinkennest im äußersten Astquirl einer *Hakea preissii.* Das Bild zeigt die gute Tarnung und feste Verankerung des Nestes. Der Eingang und eine kurze Eingangsröhre befinden sich links, das umfangreiche eigentliche Nest ist hinter Zweigen verborgen. Die obersten Halme liegen dem Nest nur lose auf

Abb. 12. Brutnest mit einem vorjährigen Nest als Unterlage

Abb. 13. Der Nestanfang besteht in den ersten Tagen nur aus der Mulde und den Anfängen der Rückwand

Abb. 14. Bei der Fütterung umfaßt der Jungvogel mit seinem weitgeöffneten Schnabel den Schnabel des Elternvogels

Abb. 15. Typische Bettelstellung des Jungvogels mit gedrehtem Hals und fast senkrecht nach oben weisender Mundöffnung

Abb. 16. Gerade ausgeflogene Jungvögel sitzen am Abend im Eingang des Brutnestes, in das sie von den Eltern zurückgeführt worden sind

entweder gar nicht, flieht oder verjagt das Männchen. Ein paarungswilliges Weibchen dagegen geht mit den arttypischen Begrüßungsbewegungen (S. 28) auf die Werbung des Männchens ein, das seinerseits seine Anstrengungen noch vergrößert und nun neben den Gesangsstrophen auch die ersten Balzbewegungen (Schwanzzudrehen, Verbeugungen) zeigt. Die Paarbildung kann als vollzogen gelten, sobald beide Tiere eng aneinander geschmiegt sitzen und sich im Gefieder kraulen (S. 28). Ihre Dauer schwankte in den beobachteten Fällen zwischen wenigen Stunden und mehreren Tagen. Gelegentlich geht die Paarbildung auch von einem Weibchen aus, das neben einem Männchen anfliegt und es durch Verbeugungen zur Balz auffordert. Bei allen Paarbildungsversuchen obliegt die endgültige Entscheidung dem Weibchen, das ein werbendes Männchen annehmen oder ablehnen kann. Diese Tatsache und die erwähnten Paarbildungsversuche durch ein Weibchen weisen darauf hin, daß männliche Zebrafinken einer relativ starken geschlechtlichen Zuchtwahl in bezug auf ihr Prachtkleid und ihr Verhalten unterliegen. Da die Paarbildung außerdem weit ab vom künftigen Nistplatz stattfindet, scheiden andere Merkmale (Qualität des Brutrevieres und des Nistplatzes), die bei der Mehrzahl der Singvögel die Partnerwahl zusätzlich beeinflussen können, für Zebrafinken ebenfalls aus. Auf die große Bedeutung der geschlechtlichen Auslese wird später noch einmal eingegangen (S. 83).

Alle Anzeichen deuten darauf hin, daß Zebrafinken in Dauerehe leben. Auch in den Schwärmen zur Nichtbrutzeit halten die Paare eng zusammen, und an beringten Individuen in Südwestaustralien konnte ich das Zusammenbleiben mehrerer Paare über mindestens zwei Brutzeiten nachweisen. Einige Paare behalten sogar ganzjährig ihr Schlafnest bei (S. 40).

1.8.2. Balzverhalten

Obwohl sich in der Balz des Zebrafinken das relativ einheitliche Muster der Prachtfinkenbalz noch andeutungsweise erkennen läßt, zeichnet sie sich doch durch eine sehr starke Vereinfachung aus, die nicht annähernd an das zum Teil sehr hoch entwickelte Balzverhalten mancher Arten – namentlich der afrikanischen Astrilde – heranreicht. So fehlt dem Zebrafinken sowohl das weit verbreitete Aufwerfen des Kopfes als auch der Balztanz mit einem Grashalm oder einer Feder als Nistsymbol im Schnabel. Seine Balz besteht im wesentlichen aus drei Handlungsweisen des Männchens und zwei damit alternierenden Triebhandlungen des Weibchens (Schema 1). In der Balzeinleitung fliegt das Männchen in der Nähe des Weibchens in steifer, aufrechter Körperhaltung mehrmals von einem Ast zum anderen hin und her. Dabei werden Kopf und Schwanz der Partnerin zugedreht und diejenigen Gefiederpartien besonders abgespreizt, die die männlichen Abzeichen tragen. Das

Schema 1. Verhaltensfolge bei der Kopulationseinleitung des Zebrafinken

Männchen	Weibchen
Hin- und Herflug und Begrüßungsanflug ↘	
	Hin- und Herflug und „Begrüßung“ als Balzaufforderung
↙ Balztanz ↘	
	Ducken und Schwanzzittern als Begattungsaufforderung
↙ Befliegen	

Stirngefieder ist eng angelegt. Die Balzeinleitung des Weibchens erfolgt in gleicher Weise, und beide Partner hüpfen für kurze Zeit abwechselnd zwischen zwei benachbarten Ästen hin und her. Lediglich die Federstellung ist beim Weibchen weniger spezialisiert als beim Männchen. Hat das Weibchen auf diese Weise seine Paarungsbereitschaft zum Ausdruck gebracht, beginnt das Männchen mit dem eigentlichen Balztanz. Es hüpft in der gleichen Haltung langsam auf die Partnerin zu, wobei es sich mit jedem Sprung um 180° dreht und den Schwanz jeweils dem Weibchen zudreht. Dabei trägt es seine Gesangsstrophe vor, die unmittelbar vor der Kopulation in eine Reihe lauter Lockrufe übergehen kann. Beim Gesang wird der Kopf zusätzlich hin- und hergedreht. Das Weibchen zeigt während des männlichen Balztanzes schwache Begrüßungsbewegungen (S. 28) und fordert schließlich durch senkrechtes Vibrieren mit dem Schwanz in geduckter Körperhaltung zur Begattung auf. Diese Form der Kopulationsaufforderung weicht sehr stark von der der meisten Singvögel ab, bei denen das Weibchen mit den Flügeln vibriert. Sie stellt ein gemeinsames und offenbar sehr altes Merkmal aller Prachtfinken dar (Abb. 8, 9).

Nach der Begattung bleibt das Männchen gelegentlich neben dem Weibchen sitzen und vibriert – immer noch die hohen Begattungsrufe ausstoßend – ebenfalls mit dem Schwanz, führt also im wesentlichen die Bewegungsweisen der weiblichen Aufforderung durch. Dabei handelt es sich wahrscheinlich lediglich um einen Rest unverbrauchter Bewegungsenergie, der auf diese Weise abreagiert wird. Es ist möglich, daß die vorübergehende physische Schwächung, die für das Männchen mit der Begattung verbunden ist, gerade in dieser Situation das Auftreten weiblicher Verhaltenselemente begünstigt, die sonst im Organismus verborgen sind. Das gleiche ist auch von anderen Kleinvögeln bekannt (Nicolai 1959).

Die Balz freilebender Zebrafinken ist eine relativ starr festgelegte Handlungskette, deren Ablauf sich bei allen Paaren und in allen Teilen des australischen Verbreitungsgebietes vollständig gleicht. Bei domestizierten Tieren kommt es dagegen zu zahlreichen sehr charakteristischen Veränderungen, die später besprochen werden sollen (S. 87).

Zebrafinken balzen nach Möglichkeit auf abgestorbenen Ästen, die eine bestimmte Beschaffenheit und räumliche Lage zueinander aufweisen und damit die räumlichen Voraussetzungen für den geordneten Ablauf der einzelnen Balzphasen bieten. Aus diesem Grund kann man oft sogar beobachten, daß ein Paar über weite Strecken fliegt, bis es einen Balzplatz gefunden hat und die Kopulation damit weitab vom eigenen Nestrevier vollzieht. Da sich bei geselliger Nistweise mitunter nicht genügend geeignete Stellen finden lassen, gibt es in den Brutkolonien oftmals regelrechte „Balzbäume“, die von mehreren Paaren abwechselnd benutzt werden (Abb. 18).

1.8.3. Nistplatzsuche

Zu Beginn der Brutzeit begibt sich das Paar gemeinsam auf die Suche nach einem geeigneten Standort für das Nest. Das Männchen hüpft oder fliegt voran, das Weibchen folgt. Hat das Männchen eine ihm geeignet erscheinende Stelle, etwa eine Astgabel oder die Reste eines alten Nestes, gefunden, so hüpft es in geduckter Körperhaltung hin und her, spreizt dabei den Schwanz, so daß die schwarz-weiße Querbänderung vergrößert und dadurch hervorgehoben wird, und läßt in langen Reihen Nestlockrufe hören. Der Schnabel wird während des ganzen Vorganges in rascher Folge geöffnet und geschlossen („Nibbeln“). Findet das Männchen ein leerstehendes Nest oder ein Astloch, so schlüpft es unter den gleichen Verhaltensweisen ein, wobei der gespreizte Schwanz weithin als „Schlußlicht“ leuchtet. Sagt die Stelle dem Weibchen nicht zu, so bleibt es unbeteiligt sitzen oder fliegt weiter. Das Männchen beginnt daraufhin, an einer anderen Stelle neu zu suchen. Ist das Weibchen aber einverstanden, folgt es dem Männchen und zeigt das gleiche Nestlockverhalten in schwächerer Form. Will das Paar eine Bruthöhle oder ein leerstehendes Nest annehmen, so schlüpfen beide Partner in der geschilderten Weise mehrfach abwechselnd ein und aus. Die positive Reaktion des Weibchens wirkt auf das Männchen ungeheuer stimulierend und steigert die Intensität seines Nestlockens, das schließlich durch die ersten Nestbaubewegungen noch weiter verstärkt werden und mitunter unmittelbar und ganz kontinuierlich in den Nestbau übergehen kann. Allerdings kommt es gerade beim Zebrafinken aus sehr unterschiedlichen Gründen verschiedentlich vor, daß bereits angenommene Nistplätze und selbst begonnene Nester plötzlich wieder verlassen werden und die ganze Verhaltensfolge von neuem beginnt.

1.8.4. *Methoden des Paarzusammenhaltes*

Zebrafinken zeichnen sich durch einen sehr innigen Paarzusammenhalt aus. Diese Eigenschaft charakterisiert sehr viele Vogelarten tropischer und subtropischer Breiten. Sie dient dazu, die Keimdrüsenentwicklung und das Verhalten der Partner genau zu synchronisieren. In den gemäßigten Klimazonen ist sie in der Regel nicht so stark ausgeprägt, weil dort die für einen erfolgreichen Ablauf der Brut erforderliche Synchronisation bereits weitgehend durch Umweltreize (z. B. steigende Tageslänge) erzielt werden kann. Beim Zebrafinken kommt der Gleichschaltung des Paares darüber hinaus noch eine weitere Bedeutung zu, weil er in vielen Teilen seines Verbreitungsgebietes eine sehr unregelmäßige Brutzeit hat (S. 43 ff.) und die Partner daher praktisch zu jeder Zeit genau aufeinander abgestimmt sein müssen, damit sie zu gegebener Zeit sehr rasch fortpflanzungsbereit sind.

Es ist verständlich, daß bei einer so großen biologischen Bedeutung der gegenseitigen Synchronisation verschiedene Verhaltensweisen entwickelt worden sind, die zum Festigen des Paarzusammenhaltes beitragen können. So kann das Paar auch nach der Annahme eines Nistplatzes die im vorigen Abschnitt beschriebenen Verhaltensweisen der Nistplatzsuche immer und immer wiederholen. Ferner kann das Weibchen eine Verhaltensweise zeigen, die als „Begrüßung“ beschrieben worden ist: Es fliegt stumm neben dem Männchen an, beugt die Laufgelenke durch, sträubt das Bauchgefieder und dreht den Schwanz in Richtung auf den Partner (Abb. 10). Diese Triebhandlung ist deutlich als eine aus dem Inventar des weiblichen Balzverhaltens (S. 26) entnommene Verhaltensweise zu erkennen. Das Männchen antwortet fast immer mit Balz- oder Nestlockverhalten. Schließlich können sicher auch das Kontaktsitzen und die soziale Gefiederpflege zum Festigen des Paarzusammenhaltes beitragen, die zwischen den Partnern eines Paares ganzjährig auftreten. Besonders während längerer Ruhepausen und am Abend vor dem Aufsuchen des Schlafnestes sitzen die Tiere eng aneinander geschmiegt und kraulen einander im Gefieder. Ähnliche soziale Verhaltensweisen, die dem oben genannten Zweck dienen, sind in großer Vielfalt auch von anderen Prachtfinkenarten entwickelt worden (Immelmann und Immelmann 1967).

1.8.5. *Neststandort*

Von allen australischen Prachtfinken ist der Zebrafink in der Auswahl des Neststandortes am wenigsten spezialisiert. Der normale, d. h. nach Möglichkeit bevorzugte und daher weitaus häufigste Standort ist eine von vielen Seitenzweigen umgebene Astgabel im Innern eines Strauches oder kleinen Baumes. Die Nesthöhe schwankt nur geringfügig und beträgt etwa 2 bis 3 m. Das höchste von mir gefundene Nest befand sich

8 m, das niedrigste 50 cm über dem Boden. Beim Fehlen höherer Vegetation – namentlich in Zentralaustralien – kann die Art jedoch auch in Bodennähe und sogar in Kaninchenbauten unter der Erde brüten. Manchmal werden auch natürliche oder künstliche Höhlen als Nistplatz ausgewählt, z. B. Astlöcher oder die verlassenen Nesthöhlen von Eisvögeln in Termitenbauten. Auch in ausgefaulten Zaunpfählen und unter Dachbalken von Häusern hat man Zebrafinken brütend gefunden. Es ist bisher nicht bekannt, ob es immer dieselben Paare sind, die in Höhlen nisten, d. h. ob eine eigene „Höhlenbrüter-Population“ existiert oder ob ein und dasselbe Paar sowohl Höhlen- als auch Offenbrüter sein kann. Diese Frage könnte nur durch langfristige Beringungen geklärt werden.

Die für die Anlage des Nestes bevorzugte Baum- oder Strauchart ist der verschiedenen Zusammensetzung der Vegetation in den einzelnen Teilen des großen Verbreitungsgebietes entsprechend sehr unterschiedlich. Im allgemeinen werden möglichst dichte und dornige Büsche bevorzugt. Gibt es in einer Gegend nur wenige oder gar nur eine einzige Art, die diese Voraussetzung erfüllt, so zeigen die dort lebenden Populationen des Zebrafinken eine strenge Spezialisierung im Neststandort: Ein solcher Fall ist in Südwestaustralien gegeben, wo ich Zebrafinkennester ausschließlich in einer einzigen Strauchart *(Hakea preisii)* fand, deren Blätter als Verdunstungsschutz zu steifen Nadeln mit scharfer Spitze umgebildet sind (Abb. 11). Die dichter besiedelten Gebiete Ost- und Südostaustraliens bieten heute in Gestalt der eingebürgerten europäischen Heckenrose ebenfalls einen besonders günstigen und daher weitaus bevorzugten Neststandort für Zebrafinken. Dort werden auch verschiedene *Citrus*-Bäume häufig als Nistplatz benutzt. Im Landesinnern brüten Zebrafinken gern in dornigen *Acacia*-Arten, und nur dort, wo keinerlei Dornensträucher vorkommen, werden auch andere Arten ausgewählt. Die Bevorzugung dorniger Sträucher bietet einen zweifachen Vorteil: Sie ermöglicht zum einen eine besonders feste Verankerung der Nester, die bei den in Australien sehr häufigen orkanartigen Stürmen von Bedeutung sein kann, und sie schützt zum anderen vor nestraubenden Schlangen und Eidechsen, die namentlich in Nord- und Zentralaustralien sehr häufig sind. Der letztgenannte Grund ist möglicherweise auch für die Entwicklung des Höhlenbrütens verantwortlich. Im gleichen Sinne ist die vielfach zu beobachtende Tendenz zu deuten, das Nest im Unterbau bewohnter Greifvogelhorste oder in unmittelbarer Nähe von bewohnten Wespennestern anzulegen. Ähnliche Methoden zum Schutz vor Nesträubern sind von zahlreichen anderen australischen und afrikanischen Prachtfinken bekannt.

1.8.6. Nestbau

Beide Geschlechter beteiligen sich am Nestbau, doch fällt dem Männchen die bei weitem aktivere Rolle zu. So wird fast das gesamte Nistmaterial vom Männchen eingetragen, und das Weibchen bringt nur gelegentlich eine Feder oder etwas weiches Polstermaterial mit. Die Hauptaufgabe des Weibchens ist es, das vom Männchen eingetragene Material im Nest zu verbauen. Selbst für diese Tätigkeit aber bedarf es der ständigen Anregung durch die Nestbauhandlungen des Männchens, ohne die das Weibchen seine eigene Tätigkeit jeweils sehr rasch einstellt. Das Männchen trägt im Durchschnitt jede Minute einen Halm zu, doch sitzen beide Partner zwischendurch jeweils für längere Zeit still im Nest. Wie alle Prachtfinken bauen Zebrafinken überdachte Grasnester, die sie nach Möglichkeit auf einer bereits vorhandenen Unterlage, etwa einem leerstehenden Nest oder den Resten eines vorjährigen Brutnestes, anlegen (Abb. 12). Das Nest selbst wird von unten nach oben gebaut. Zunächst wird die Nestmulde fertiggestellt, dann werden die Wände hochgezogen und das Dach angefügt (Abb. 13). Dabei wird zunächst ein dünnwandiges Gerüst konstruiert, dessen Wände große Zwischenräume aufweisen und erst später durch Einschieben weiteren Materials die endgültige Stärke erhalten. Höhlenbrütende Zebrafinken verzichten vielfach auf die Überdachung des Nestes und brüten in einem offenen, napfförmigen Nestanfang. Zum Schluß erfolgt die Auspolsterung der Mulde, doch kann sich der Ausbau des Daches und das Einbringen des Polstermaterials zeitlich überschneiden. An die meisten Brutnester wird abschließend eine kurze Eingangsröhre angefügt, wie sie für zahlreiche Prachtfinkennester charakteristisch ist.

Zebrafinken sammeln alles Nistmaterial am Boden. Für das Außengerüst verwenden sie je nach Angebot grüne oder vertrocknete Grashalme, die das Männchen vom Boden aufliest oder dicht über der Erde abreißt. Als Polstermaterial dienen weiches Gras, dunenartige Blüten, Pflanzenwolle und Federn, vielfach aber auch Pferde- und Kaninchenhaare sowie Schafwolle. Das letztgenannte Polstermaterial kann mitunter insofern recht fatale Folgen haben, als es sich bei länger andauernden Regenfällen mit Wasser vollsaugt und dann zum Absterben der Eier oder Jungen führen kann.

Besonders gern werden weiße Federn zur Polsterung verwendet. Während das übrige Baumaterial in unmittelbarer Nähe des Neststandortes gesammelt wird, fliegen die Tiere oft weite Strecken, um in den Besitz weißer Federn zu kommen. Nur wenn solche absolut nicht zu finden sind, verbauen sie auch farbige Federn. Die gleiche Bevorzugung ist von vielen anderen australischen und afrikanischen Prachtfinken bekannt. Auch hierbei scheint es sich also um ein uraltes Merkmal zu handeln, das für die ganze Familie typisch ist. Es hängt möglicherweise mit der weißen Farbe aller Prachtfinkeneier zusammen, die dementsprechend auf weißem Polstermaterial besonders schwer erkennbar und daher vor Nesträubern gut geschützt sind. Auch die Nestlinge tragen bei vielen Arten (einschließlich des Zebrafinken) auf dem Rücken weiße Flaumfedern.

Grashalme und Federn werden einzeln und am unteren Ende gefaßt eingetragen, eine Tragweise, die wiederum für alle Prachtfinken typisch ist. Lediglich kurzes Polstermaterial wird gebündelt zugetragen. Einige Zebrafinken haben einen sehr ausgeprägten Nestmaterial-Parasitismus entwickelt: Sie reißen nestbauenden Artgenossen Halme aus dem Schnabel, beuten leerstehende Nester aus oder stehlen während der Abwesenheit der Eigentümer sogar Nistmaterial aus bewohnten Nestern.

Abweichend vom Verhalten der meisten Kleinvögel ist der Nestbautrieb des Zebrafinken während des ganzen Jahres annähernd gleichmäßig ausgeprägt. Die Tiere sind ausgesprochene Nestschläfer und übernachten nur im Notfall auf Zweigen. Selbst die Angehörigen umherziehender Schwärme suchen sich am Abend nach Möglichkeit leerstehende Nester. Bleibt eine Gruppe längere Zeit im selben Gebiet, so bauen die Tiere eigene Schlafnester oder bessern gefundene Nester aus. Zebrafinken, die ganzjährig dieselbe Kolonie bewohnen (S. 40), arbeiten das ganze Jahr über an ihrem Nest.

Auch innerhalb des Brutzyklus ist der Nestbau nicht auf einen bestimmten Zeitabschnitt beschränkt. So bringt das Männchen noch mehrere Tage nach Brutbeginn immer wieder Nistmaterial herbei und verbaut es im Nest. Während der ganzen Dauer der Brutzeit bringt es außerdem zur Brutablösung nach Möglichkeit stets eine Feder mit, die es der Nestpolsterung einfügt. Schließlich gibt es sowohl während der Bebrütung des Geleges als auch während der Aufzucht der Jungen immer wieder förmliche „Ausbrüche“ des Bautriebes, die Stunden oder Tage anhalten können und während der das Männchen das gesamte Nest ausbessern und durch Eintragen von neuem Material ergänzen kann. Hieran beteiligt sich gelegentlich auch das Weibchen. In den Trockengebieten Zentralaustraliens kann es sogar vorkommen, daß das Weibchen bereits zu legen anfängt, wenn das Männchen gerade erst mit dem Bau des Nestes begonnen hat. In diesem Fall wird das Nest anschließend vom Männchen förmlich um das brütende Weibchen herum fertiggestellt.

Über die Länge der Bauzeit lassen sich keine allgemeingültigen Aussagen machen. Sie ist in starkem Maße von verschiedenen Umweltfaktoren, namentlich Temperatur und Niederschlägen, abhängig. Einfache Schlafnester können an einem einzigen Tag gebaut werden. Der Bau eines Brutnestes dagegen dauert mindestens eine Woche und kann sich bei ungünstigen Klimaverhältnissen über viele Wochen ausdehnen. Frith und Tilt (1959) geben für 221 Nester in Neusüdwales eine durchschnittliche Bauzeit von 13 Tagen an, die 6 Tage vor der Eiablage beginnt und danach für eine weitere Woche anhält.

1.8.7. Nest

Das Nest entspricht dem allgemeinen Typ des Prachtfinkennestes und besteht aus einer überdachten Nestkammer und einer Eingangsröhre (Abb. 11). Im Aussehen und Aufbau des Nestes zeigt der Zebrafink die größten innerartlichen Unterschiede aller australischen Prachtfinken, was wiederum mit der Vielfalt der besiedelten Lebensräume zusammenhängen mag.

Schlaf- und Brutnest sind bereits in der Anlage verschieden. Das Schlafnest hat eine annähernd kugelförmige Gestalt und einen relativ großen Eingang. Eine Eingangsröhre ist nur selten angedeutet. Der Durchmesser des Nestes ist mit 8 bis 15 cm kleiner als der des Brutnestes, die Wanddicke beträgt selten mehr als 1 cm. Das Dach ist in vielen Fällen nur bis zur Hälfte der Nestkammer vorgezogen, so daß manche Nester nach oben weitgehend offen sind. Schlafnester sind in der Regel ungepolstert.

Das Brutnest wird wesentlich sorgfältiger gebaut. Die eigentliche Nestkammer ist normalerweise annähernd kugelförmig, doch verleiht die kurze Eingangsröhre dem Nest vielfach eine längliche Gestalt, während die aus alten Nestresten (S. 30) bestehende Unterlage andererseits eine starke Überhöhung vortäuschen kann. Der Durchmesser der Nestkammer beträgt 12 bis 20 cm, die Gesamtlänge des Nestes wird von der Eingangsröhre bestimmt und betrug im Höchstfall 24 cm. Länge und Härte des Baumaterials nehmen von außen nach innen kontinuierlich ab. Insgesamt besteht das Brutnest des Zebrafinken aus etwa 400 Grashalmen, zu denen noch etwa 20 bis 200 Teile Polstermaterial kommen können. In Zentralaustralien steht vielfach kein Gras zum Nestbau zur Verfügung. Dann werden kurze, stark verholzte Pflanzenteile verwendet, die vielfach so kurz und spröde sind, daß die Wände nicht gut zusammengefügt werden können und das Nest beim Loslösen von seiner Unterlage sofort zerfällt.

1.8.8. Gelege

Zebrafinken legen 4 bis 6, in Ausnahmefällen 7 bis 8 Eier, während bei ungünstigen Lebensbedingungen oder bei jungen Paaren gelegentlich 2 oder 3 Eier das volle Gelege bilden können. Frith und Tilt (1959) bestimmten die Durchschnittsgröße von 221 Gelegen in Neusüdwales auf 4,7 $\pm$ 1,1 Eier. Sie errechneten ferner jahreszeitliche Schwankungen und stellten im zeitigen Frühjahr eine geringere Gelegegröße fest als im Sommer. Geographische Unterschiede innerhalb des großen Verbreitungsgebietes sind dagegen nicht feststellbar.

Die Eier sind glänzend weiß und haben einen zarten bläulichen Schimmer. Auch in der Eigröße zeigt der Zebrafink die größten innerartlichen Unterschiede aller australischen Prachtfinken. Bei alten Brutvögeln ist die Eigröße etwas einheitlicher als bei Jungtieren, in den feuchteren Küstengebieten gleichmäßiger als in Zentralaustralien.

1.8.9. *Brutverhalten*

Der Brutbeginn ist schwer zu bestimmen und großen individuellen Schwankungen unterworfen. Niemals vollzieht er sich in Form eines scharfen Verhaltenseinschnitts, vielmehr geht das Brüten kontinuierlich aus dem Nestbau und den beschriebenen Nestzeremonien hervor. So sitzen manche Paare schon vor oder während der Eiablage stundenweise im Nest, wobei jedoch nicht bekannt ist, ob im letzteren Fall die Eier tatsächlich bereits bebrütet, d. h. mit dem Brutfleck in Berührung gebracht werden. Aus diesem Grund ist auch noch nicht geklärt, zu welchem Zeitpunkt die Embryonalentwicklung wirklich einsetzt. Nach den bisher vorliegenden Beobachtungen scheint das jedoch im allgemeinen am Tag der Ablage des dritten Eies der Fall zu sein, so daß man diesen Tag annähernd als Brutbeginn angeben kann, doch können – wie gesagt – starke individuelle Unterschiede in Erscheinung treten.

Mit der Ablage des vierten oder fünften Eies ist das Brutverhalten voll entwickelt. Beide Tiere brüten nun abwechselnd. Die durchschnittliche Brutperiode des Einzelvogels beträgt etwa 1,5 Stunden. Als längste Dauer wurden knapp drei Stunden gemessen. Bei der Ablösung verläßt der Brutvogel bereits das Nest, sobald er von fern die Lockrufe des Partners hört. Die beiden Tiere begegnen sich also nur vorübergehend in der Nähe des Nestes und sehen sich mitunter überhaupt nicht. Nachts sitzen beide Tiere im Nest, wobei jedoch vermutlich jeweils nur einer die Eier bedeckt.

Mehrmals am Tage verläßt der brütende Vogel auch ohne vorhergehende Ablösung das Nest und fliegt zum Schwarm (S. 40). Während der gesamten Dauer der Brutzeit steht das Nest täglich für 1 bis 4 Stunden leer, die sich auf 2 bis 4 Brutpausen annähernd gleichmäßig über den Tag verteilen. Sie dienen der gemeinsamen Nahrungssuche der Eltern und der Teilnahme am Schwarmleben (S. 41). Bei Schattentemperaturen von mehr als 38 °C setzt der Bruttrieb ganz aus. Da diese Temperatur in vielen Teilen des Verbreitungsgebietes während der Brutzeit fast täglich erreicht wird, stehen viele Brutnester des Zebrafinken selbst auf dem Höhepunkt der Bebrütung tagsüber fast ständig leer. Gelegentlich kommt es sogar vor, daß die Eier auch nachts nicht bedeckt werden, wenn die Brutvögel durch irgendeine Störung kurz vor oder nach Sonnenuntergang zum Verlassen des Nestes veranlaßt werden und anschließend nicht mehr zurückfinden. Die längste Brutunterbrechung, die ich in einem solchen Fall feststellen konnte, betrug 16 Stunden. Obwohl es während der ganzen Nacht geregnet hatte und die Temperaturen beträchtlich abgesunken waren, zeigte das Gelege keine Schädigung, und die Jungen schlüpften annähernd zur normalen Zeit. Diese Beobachtungen stimmen gut mit den Untersuchungen von Z i s w i l e r (1959) an verschiedenen Prachtfinkenarten überein. Z i s w i l e r konnte zeigen, daß Prachtfinkeneier – ganz im Gegensatz zu den Eiern der meisten Kleinvögel – im allgemeinen gegenüber tiefen Temperaturen außerordentlich unempfindlich sind und selbst starke und lange Auskühlung ohne Schaden überstehen. Für den Zebrafinken gibt er als höchste überlebte Unterbrechungsdauer – 50 Stunden vor dem Schlüpfen – 52 Stunden an.

Die Brutdauer des Zebrafinken in Freiheit zeigt infolge der erwähnten Brutunterbrechungen große Schwankungen und kann annähernd mit 12,5 bis 16 Tagen angegeben werden. In Gefangenschaft kann es zu noch größeren Verschiebungen kommen (S. 77 ff.). Die kürzestmögliche Entwicklungsdauer der Eier wurde von Z i s w i l e r im Thermostaten bei einer gleichmäßigen Temperatur von 38,6 °C mit durchschnittlich 270 Stunden = 11,25 Tagen ermittelt. Sie wird jedoch offenbar weder in Freiheit noch in Gefangenschaft jemals erreicht.

Der Bruttrieb der Eltern erlischt erst einige Tage nach der normalen Bebrütungsdauer. So verließ ein Paar in Südwestaustralien erst nach 19 Tagen seine unbefruchteten Eier. In allen von mir in Australien beobachteten Nestern schlüpften die Jungen innerhalb von 36 Stunden. In der Regel erscheinen zwei Junge am Morgen und ein bis zwei am Nachmittag des ersten Schlupftages. Je nach der Gelegegröße folgen ein bis zwei Jungvögel im Laufe des nächsten Tages.

1.8.10. Aufzucht der Jungen

Beide Eltern füttern und hudern die Jungen. Das Hudern nimmt ganz allmählich ab, bis die Jungen etwa am 12. Lebenstag tagsüber nicht mehr bedeckt werden. Nachts schlafen weiterhin beide Eltern im Nest. Die Zahl der Fütterungen und Ablösungen nimmt nach dem Schlüpfen der Jungen langsam zu. Anfänglich wird nur bei den turnusmäßigen Ablösungen sowie gelegentlich während des Huderns gefüttert. Später wird nach der Nahrungsübergabe nur noch für kurze Zeit gehudert, und am sechsten Lebenstag erfolgen die ersten reinen Fütterablösungen.

Die Aufzuchtnahrung besteht vom Schlupftag an hauptsächlich aus Grassamen. Halbreife und reife Körner wechseln je nach Angebot, doch werden bei Auswahl die halbreifen bevorzugt. Daneben werden Grasspitzen und kleine Insekten verfüttert.

Wie alle Prachtfinken, füttern Zebrafinken ihre Jungen aus dem Kropf. Der Altvogel würgt durch seitliche Schleuderbewegungen des Kopfes Nahrung hervor und formt mit Schnabel und Zunge kleine Portionen, die er mit der Zunge in den Rachen des Jungen hineinschiebt (Abb. 14). Der Jungvogel umfaßt mit seinem weit geöffneten Schnabel die Schnabelwinkel des Elterntieres und nimmt mit der widerhakenbesetzten Zungenspitze die Nahrung ab. Die Portionen bestehen in den ersten Tagen nur aus wenigen Körnern, später werden sie zunehmend größer. Aus der Nahrungsmenge, die beim Hochwürgen in den Schnabel befördert wird, können durchschnittlich drei bis sechs, im Höchstfall mehr als 20 Portionen geformt werden. Bei jedem Anflug zum Nest wird anfänglich 20 bis 25mal, später bis zu 70mal gefüttert, wobei der Altvogel bis zu 12mal hochwürgt.

Zur Fütterung stellt sich der Vogel breitbeinig über die Jungen und beugt Hals und Kopf zum Schnabel des Jungvogels herab. Er füttert ein Junges nach dem anderen und nimmt den Hals erst beim nächsten Würgen wieder hoch. In der Regel schlüpfen die Eltern zur Fütterung bis an das hintere Ende der Nestkammer und drehen sich um, so daß der Kopf während der Futterübergabe zum Eingang gerichtet ist. Wenn beide gleichzeitig füttern, stehen sie parallel nebeneinander.

Wie alle Prachtfinken, haben Zebrafinken keine Nesthygiene. Das Innere des Brutnestes ist beim Ausfliegen der Jungen von einer dicken, kranzförmigen Kotschicht bedeckt. Selbst Schlafnester sind schon nach kurzem Gebrauch durch Exkremente verschmutzt. Dennoch kann man gelegentlich „Versuche“ einer Nesthygiene beobachten. So werden bis zum 7. Lebenstag der Nestlinge deren Kotballen hin und wieder von den Eltern verschluckt. Danach werden einzelne alte, bereits hart gewordene Kotballen aus der Nestmulde aufgepickt und beim Abflug im Schnabel herausgetragen. Diese Verhaltensweisen treten jedoch immer nur vereinzelt auf, und zwar beim Männchen häufiger als beim Weibchen.

1.8.11. Entwicklung des Nestlings

Frisch geschlüpfte Zebrafinken tragen auf der Körperoberseite in der Regel 46–56 weiße Flaumfedern. Ihre Haut ist fleischfarben, doch setzt bereits am dritten Lebenstag eine rasche Pigmentierung ein, und im Alter von einer Woche ist die Körperoberseite nahezu schwarz gefärbt. Der Schnabel ist beim Schlüpfen hell hornfarben. Am zweiten oder dritten Tag beginnt er – von der Spitze und der Wurzel ausgehend –, sich ebenfalls schwarz zu färben. Dieser Prozeß ist im Alter von etwa zwei Wochen abgeschlossen. Die Augen sind am 8. Lebenstag schlitzförmig und bis zum 11. Tag völlig geöffnet. Vorher liegen die Jungen richtungslos, danach zum Eingang ausgerichtet im Nest. Die ersten Handschwingen brechen am 7., die ersten Schwanzfedern am 10. und das Kleingefieder am 11. oder 12. Lebenstag durch. Am 12. Tag platzen auch die Hüllen der ersten Handschwingen von der Spitze aus auf, und die Federfahne wird sichtbar.

Junge Zebrafinken haben einen beidseitigen Kropf mit stärkerer Ausbildung der rechten Kropftasche. In den ersten 3 Tagen wird ausschließlich die rechte Seite gefüllt, und auch danach gelangt das Futter jeweils zuerst in die rechte Kropfhälfte.

Wie die Eier, so haben auch die Nestlinge die Fähigkeit, längere Auskühlung ohne Schaden zu überstehen. In einer Brutkolonie in Südwestaustralien lebten vier- und fünftägige Jungvögel, die von ihren

Eltern verlassen worden waren, noch 36 Stunden nach dem letzten Hudern und hatten eine Nacht mit Temperaturen in Gefrierpunktnähe lebend überstanden.

In den ersten Lebenstagen können die Jungvögel beim Betteln den Hals bis zum Vorderende des Kropfes schräg anheben und nach vorn-oben betteln. Etwa vom 5. Lebenstag an nehmen sie die für alle Prachtfinken typische Bettelstellung ein: Sie legen sich flach auf den Boden, biegen den Hals nach einer Seite und drehen den Kopf um etwa 90° in der entgegengesetzten Richtung, so daß die Mundöffnung fast senkrecht nach oben weist. Diese Stellung wird auch nach dem Ausfliegen beibehalten (Abb. 15). Am 3. Tag ist zum erstenmal ein leises, zirpendes Bettelgeschrei zu hören, das sich von nun an ständig steigert und schließlich schon aus mehreren Metern Entfernung zu hören ist.

Die Jungen fliegen normalerweise am 22. Lebenstag aus, bleiben aber anfänglich nur stundenweise draußen und werden von den Eltern, meistens vom Vater, zur Fütterung und zur Übernachtung ins Nest zurückgeführt. Dieses als „Nestleite" bezeichnete Verhalten ist von vielen Prachtfinkenarten bekannt. Der Elternvogel fliegt mit Stimmfühlungslauten oder Lockrufen ständig zwischen dem ausgeflogenen Jungen und dem nächsten, in Richtung auf das Nest befindlichen Zweig hin und her. Ist der Jungvogel hungrig, so wird er bettelnd zu folgen beginnen. Der Altvogel hüpft oder fliegt daraufhin weiter zum jeweils nächsten Ast und schlüpft schließlich – gefolgt von dem bettelnden Jungen – in das Nest ein, wo die Fütterung stattfindet. Befinden sich mehrere Jungvögel außerhalb des Nestes, so werden sie einzeln zurückgelockt, doch folgen bei großem Hunger von selbst alle gemeinsam zum Nest. Der Altvogel verläßt das Nest sofort nach der Fütterung, während der Nestling erst nach geraumer Zeit wieder erscheint. In den ersten Tagen nach dem Ausfliegen werden junge Zebrafinken normalerweise ausschließlich im Nest gefüttert, so daß sie anfänglich täglich nur wenige Stunden außerhalb des Nestes verbringen. Wie der Brutbeginn, so ist also auch das Ausfliegen kein scharfer Verhaltenseinschnitt, sondern ein ganz allmählich verlaufender Prozeß. Erst am 4. oder 5. Tag nach dem ersten Verlassen des Nestes werden die Jungen regelmäßig auch draußen gefüttert. Abends bleibt die Nestleite dagegen noch längere Zeit erhalten (Abb. 16). Treten während der Nestlingszeit längere Schlechtwetterperioden auf, die durch Nahrungsmangel eine Verzögerung des Wachstums hervorrufen, so können das erste Verlassen des Nestes und die nachfolgenden Ereignisse sich um einige Tage verzögern.

1.8.12. Verhaltensentwicklung des Jungvogels

In den ersten Tagen halten sich die Jungvögel in unmittelbarer Nähe des Nestes auf. Die Eltern setzen auch weiterhin ihren normalen Tageslauf fort: Sie verbringen den größten Teil des Tages weitab von der

Brutkolonie und kehren zur Fütterung gemeinsam zu den Jungen zurück. Nach der Fütterung sitzen Alt- und Jungvögel niemals für längere Zeit zusammen. Diese Eigenschaft trägt vermutlich zum Schutze der Jungvögel bei, die wesentlich unauffälliger gefärbt sind als ihre Eltern. Die Geschwister dagegen halten unter sich eng zusammen und schmiegen sich beim Sitzen in langer Reihe aneinander.

Junge Zebrafinken sind wenig stimmfreudig und rufen zunächst nur als Antwort auf die Rufe der Erwachsenen. Anfänglich reagieren sie auf jeden Artgenossen, lernen aber bald die Eltern persönlich kennen: Knapp eine Woche nach dem Verlassen des Nestes können sie ihre Eltern schon von weitem aus einer Gruppe anfliegender Zebrafinken heraushören. Die Rufe fremder Artgenossen beantworten sie nun nicht mehr. Die Eltern haben ihre Jungen ebenfalls – in der Regel etwas rascher – an der Stimme zu erkennen gelernt. Wenige Tage nach dem Ausfliegen beginnen die Jungen mit der selbständigen Nahrungsaufnahme. Zunächst knabbern sie an vorstehenden Zweigspitzen, später suchen sie am Erdboden nach einzelnen Körnern, werden aber zwischendurch von den Eltern weiterhin gefüttert. Im Alter von ungefähr 5 Wochen sind sie in der Lage, sich selbst zu ernähren. Das Bettelverhalten verschwindet jedoch wesentlich später, und manche Paare versorgen selbst 7- bis 8wöchige Jungvögel noch mit Nahrung. Etwa um die Zeit der ersten selbständigen Nahrungsaufnahme folgen die Jungen ihren Eltern erstmals auch in andere Teile der Brutkolonie und kommen dadurch mit weiteren Geschwistergruppen in Berührung. Mit ihnen halten sie fortan zusammen, während die Eltern die Kolonie weiterhin stundenweise verlassen. In den Jugendgruppen zeigt es sich, daß sich jetzt selbst die Geschwister an der Stimme erkennen, da sie zunächst ihre Rufe nur untereinander beantworten.

In der 6. Lebenswoche beginnt der Schnabel des Jungvogels, sich von der Basis her umzufärben. Die schwarze Farbe wird zunächst durch einen fast farblosen Streifen ersetzt, der von der Schnabelbasis zur Spitze wandert und dem die endgültige Rotfärbung unmittelbar folgt. Die letzten Reste der schwarzen Farbe befinden sich am First des Oberschnabels unmittelbar hinter der Spitze und verschwinden zwischen dem 60. und 70. Lebenstag. Nach der Umfärbung ist der Schnabel noch wesentlich heller als beim Altvogel und nimmt beim Männchen erst im Laufe der nächsten Monate seine tiefrote Färbung an.

Am Abend werden die Jungen bis zur Selbständigkeit weiterhin ins Nest geführt. Die Eltern verhalten sich von nun an sehr unterschiedlich: In den meisten Fällen schlafen sie auch weiterhin gemeinsam mit ihren Jungen im alten Nest. Ist dieses aber mit dem Heranwachsen der Jungen zu klein geworden, so müssen sie sich – mitunter schon vor dem Ausfliegen der Nestlinge – selbst ein Schlafnest suchen. Manchmal kommt es auch vor, daß das Brutnest so stark verschmutzt oder beschädigt ist, daß auch die Jungen umziehen müssen. Sie übernachten dann gemeinsam mit den

Eltern in zwei Gruppen mit je einem Elternvogel oder allein in ihrem neuen Schlafnest. Als Schlafstätten werden leerstehende Nester angenommen und von den Altvögeln, namentlich vom Männchen, ausgebessert oder umgebaut. Den völligen Neubau eines Schlafnestes für die ausgeflogenen Jungen, wie er von vielen anderen Prachtfinkenarten bekannt ist, konnte ich allerdings niemals beobachten. Übernachten Eltern und Jungvögel getrennt, so werden jeweils zuerst die Jungen ins Nest geführt, ehe die Altvögel ihr Schlafnest aufsuchen.

Die Jugendmauser beginnt mit 8 Wochen und ist mit 12 bis 14 Wochen abgeschlossen. Gesang und Balzhandlungen treten beim Zebrafinken sehr frühzeitig, mitunter schon im Alter von 4 bis 6 Wochen auf. Auch Nestbauhandlungen reifen sehr früh heran: 7wöchige Männchen lesen Grashalme vom Boden auf und reißen wenig später auch anstehende Halme ab, die sie umhertragen und wieder fallen lassen, und kurze Zeit später erbeuten sie einen neuen Halm. 9wöchige Männchen tragen die Halme bereits ein und verbauen sie, und 2 bis 3 Wochen später ist das Nestbauverhalten voll entwickelt. Die Nestzeremonie reift nach dem Auftreten der Nestbauhandlungen. Ich beobachtete sie erstmals bei einem 10wöchigen Weibchen mit einem 12wöchigen Männchen, die eine Nestunterlage mit den zugehörigen Verhaltensweisen bereits völlig „perfekt“ annahmen. Mit der ersten Nestzeremonie tritt auch der Verteidigungstrieb in Erscheinung. Die erste Aggression im Leben eines Zebrafinken ist fast immer an ein Nest gebunden. Sie kann bereits am Schlafnest noch unverpaarter Jungvögel auftreten. In dieser Situation wird erstmals auch der Wutlaut angewandt, der im Alter von 7 Wochen voll entwickelt ist.

Auch die Fortpflanzung selbst kann bei günstigen Lebensbedingungen (S. 50) sehr frühzeitig beginnen. Das jüngste der im Nest farbig beringten Weibchen legte an seinem 86. Lebenstag das erste Ei und zog nachfolgend eine Brut von 4 Jungen fehlerfrei groß. Das zugehörige Männchen war am Beginn der Brut 13 bis 14 Wochen alt. Weitere Angaben liegen für Gefangenschaftstiere in Australien vor. Bei Dr. Serventy (mdl.) war ein Paar der ersten Gefangenschaftsgeneration, dessen Eltern aus den Kimberleys (Nordwestaustralien) stammten, beim *Schlüpfen* der Jungen etwa 13 Wochen, d. h. zur Zeit der Eiablage etwa 11 Wochen alt. Die 5 Jungen wurden großgezogen. Bei einem zweiten Paar war das Weibchen beim Schlüpfen der Jungen ebenfalls 13, das Männchen 14 Wochen alt. Beide Paare begannen im Alter von 16 bzw. 17 Wochen bereits das *zweite* Gelege und zogen auch die zweite Brut gut auf. Ein Weibchen, das ebenfalls von wildgefangenen Eltern abstammte, legte an seinem 44. Lebenstag, d. h. gerade am *Beginn* der Jugendmauser, sein erstes Ei. Es brütete allerdings nicht.

Ähnliche „frühreife“ Balz- und Nisttriebäußerungen sind von zahlreichen Vogelarten bekannt. Sie treten im allgemeinen nur während eines relativ kurzen Abschnittes der Jugendentwicklung auf und sind wahrscheinlich nur Nebenerscheinungen nervöser Reifungsprozesse (Curio 1960). Beim Zebrafinken dagegen sind sie unmittelbar mit einer Reifung der Keimdrüsen verbunden und können kontinuierlich in die aktive Fortpflanzung übergehen. Sie haben damit eine neue biologische Aufgabe erlangt, die im Zusammenhang mit der Jahresperiodik erörtert werden soll (S. 50).

1.9. Geselliges Verhalten

Der Zebrafink zeichnet sich durch ein besonders hochentwickeltes Sozialverhalten aus. Die Tiere schließen sich außerhalb der Brutzeit zu Schwärmen von etwa 50 bis 100 Individuen zusammen. Sie sind in Gebieten mit ganzjährig günstigem Nahrungsangebot sehr ortstreu und verbleiben auch außerhalb der Brutzeit in der Nähe ihrer ehemaligen Brutkolonie. Bei Trockenheit wandern die Tiere jedoch weit umher, und an den letzten Wasserstellen kommt es zu Ansammlungen von vielen hundert oder tausend Individuen, zwischen denen jedoch nur ein loser Zusammenhalt besteht. Am Abend lösen sich die Schwärme auf, und die einzelnen Paare suchen ihre Schlafnester auf. Jede Gruppe besteht in der Hauptsache aus Paaren, die auch außerhalb der Brutzeit eng zusammenhalten, sowie aus noch nicht verpaarten Jungtieren. Am Abend löst sich der Schwarm auf, und die Tiere streben nach allen Richtungen ihren Schlafplätzen zu, die bis zu 3 und 4 km vom Tageseinstand entfernt sind. Zuerst verschwinden die alten Brutpaare, die ein festes Schlafnest besitzen, während die unverpaarten Tiere, die ihre Schlafstätte häufiger wechseln, in der Regel erst nach Sonnenuntergang auseinanderfliegen.

Auch zur Brutzeit wird die gesellige Lebensweise beibehalten. Die Tiere brüten in lockeren Kolonien, in denen für gewöhnlich jedes Paar seinen eigenen Neststrauch oder -baum hat. Benachbarte Sträucher oder Bäume können von verschiedenen Paaren besetzt sein (Abb. 17 u. Fig. 3). Nur im Innern Australiens, wo das Nistplatzangebot oftmals sehr beschränkt ist, rücken die Tiere manchmal noch enger zusammen, und es brüten mehrere Paare im selben Busch. Schon in Südwestaustralien fand ich – wenn nur eine einzige *Hakea* in der Umgebung vorhanden war – bis zu 4 besetzte Nester in einem Busch, in der Nähe von Alice Springs in Zentralaustralien in der gleichen Situation bis zu 9 Brutnester. McGilp (1944) beobachtete bei Oodnadatta in Südaustralien sogar 21 besetzte Nester in einem Akazienstrauch. Auch bei so hoher Siedlungsdichte versuchen die Tiere nach Möglichkeit, den Abstand zwischen ihren Nestern möglichst groß zu halten. So betrug der geringste von mir beobachtete Nestabstand 50 cm, doch fand Whitlock (1910) drei besetzte Nester, die sich berührten.

Das Brutnest wird von Männchen und Weibchen gegenüber Artgenossen verteidigt. Allerdings bestehen Unterschiede in der Stärke der Verteidigungsreaktionen. So werden fremde Paare, die ein Nest suchen, sofort erbittert vertrieben und gelegentlich sogar über weite Strecken verfolgt. Nestnachbarn dagegen „besuchen“ sich oft gegenseitig und sitzen – namentlich am Abend – gern in unmittelbarer Nähe vom Nest des einen Paares, ohne daß es zu Streitigkeiten kommt. Derartige „Nachbarfreundschaften“ können selbst in den Schwärmen zur Nichtbrutzeit zusammenbleiben. Sie sind gleichzeitig ein Zeichen dafür, daß sich außer den Partnern eines Paares und den Eltern und Jungvögeln einer Familie (S. 37) noch weitere Artgenossen persönlich kennen.

Die Brutkolonien weisen eine sehr charakteristische „Innenstruktur“ auf: Dichte Büsche oder Bäume sind in der Regel mit Brutnestern belegt, während abgestorbene oder lichte Sträucher, die für die Anlage von Nestern nicht geeignet sind, als sogenannte „soziale Viertel“ dienen, die von allen Angehörigen der Kolonie benutzt werden. Hier gibt es „Balzplätze“, auf denen Balz und Kopulation stattfinden (S. 27), und „Kraulplätze“, wo sich die Tiere zum Kontaktsitzen und zu sozialer Gefiederpflege treffen. Es gibt ferner – sofern die Brutkolonie an einer Wasserstelle liegt – Badeplätze und schließlich sogar Abflug- und Landeplätze, wo sich die Koloniemitglieder versammeln, ehe sie gemeinsam zur Nahrungssuche abfliegen, und auf denen sie bei ihrer Rückkehr gruppenweise landen, ehe sie sich auf ihre Nester verteilen (Abb. 18 und Fig. 3).

In Gebieten mit ganzjährig ausreichendem Nahrungsangebot können derartige Kolonien während des ganzen Jahres beibehalten werden. In diesem Fall haben die meisten Paare außerhalb der Brutzeit ein festes Schlafnest. Am Beginn der neuen Fortpflanzungsperiode bauen sie sich ein Brutnest und ziehen, sobald dieses fertiggestellt ist, vom Schlafnest in das Brutnest um. In Zentralaustralien, wo die Tiere außerhalb der Brutzeit weit umherwandern, wird die Brutkolonie am Beginn der Fortpflanzungszeit vielfach ganz neu gegründet.

Auch während der Brutzeit gibt es in der Nähe jeder Zebrafinkenkolonie weiterhin einen Schwarm, der – zumindest unter normalen Klima- und Nahrungsbedingungen – den Tageseinstand aus der Nichtbrutzeit beibehält. Dort halten sich ganztägig die mausernden und unverpaarten Tiere, später auch unselbständige Jungvögel auf. Kolonie und Schwarm können mehrere tausend Meter voneinander entfernt sein. Zu einem Schwarm können außerdem mehrere Brutkolonien gehören, die etwa kreis- oder halbkreisförmig angeordnet sind.

Der Tageslauf einer solchen Zebrafinkenkolonie gestaltet sich wie folgt: Kurz vor Sonnenaufgang rufen sich die Paare mit Lockrufen zusammen. Sie sammeln sich auf den Abflugplätzen und fliegen von dort in kleinen Gruppen zum Tageseinstand des Schwarmes, um dort auf Nahrungssuche zu gehen. In der Kolonie sind um diese Zeit nur die Nester mit Eiern und frisch geschlüpften Jungen besetzt. Nach etwa einer Stunde kehren die ersten Gruppen vom Schwarm zurück. Unter

3

1. Von Mövchen aufgezogener männlicher Zebrafink balzt ein Japanisches Mövchen an.

2. Männlicher Zebrafink balzt eine Weibchen-Attrappe an.

3. Junge Zebrafinken (Mitte) betteln ihre Eltern an. Rechts die wildfarbene Mutter, links der weiße Vater.

4. Teilmelanistischer („schwarzer“) Zebrafink. Einige normalerweise weiß gefärbte Gefiederpartien (Gesichtszeichnung, Schwanzbänder) sind gänzlich schwarz, andere (Bauchgefieder, Bürzel) weisen schwarze Flecke auf. Bei der braunen Flankenzeichnung fehlen die weißen Tropfenflecke.

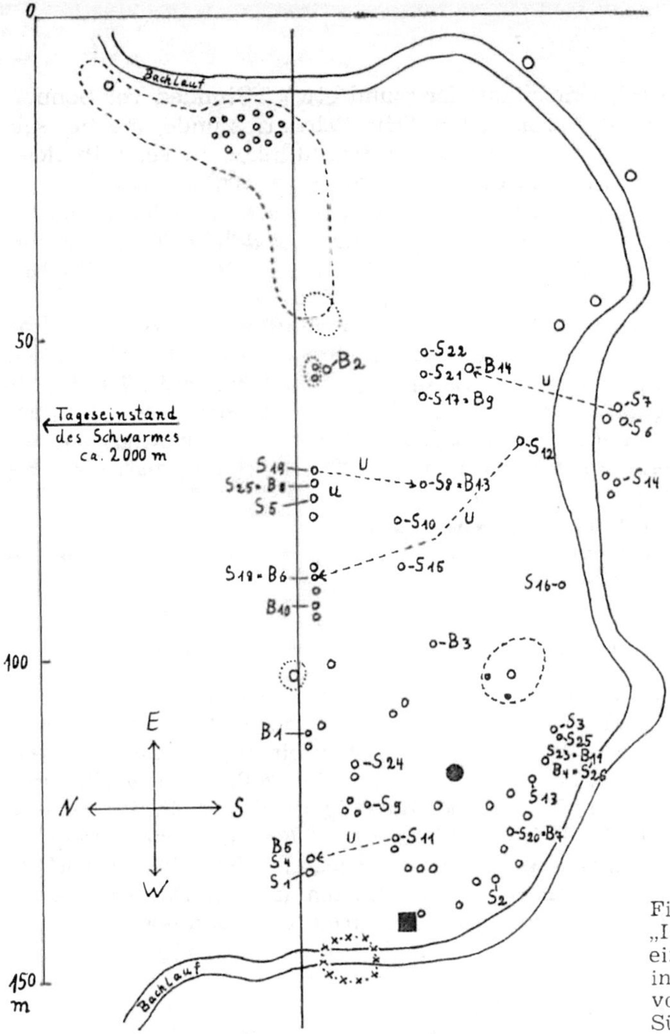

Fig. 3.
„Inneneinrichtung“
einer Brutkolonie
in der Nähe
von York,
Südwestaustralien

●	abgestorbener Baum als Balzplatz,
··············	Landungsplatz des Schwarmes
– – – – –	Soziales Viertel,
■	Putzbaum,
S 1–26	Schlafnester in der Reihenfolge ihrer ersten Besiedlung,
B 1–14	Brutnester in der Reihenfolge ihres Baubeginns,
×·×·×·	Trink- und Badestelle,
–·–u–·→	Umzug des Paares vom Schlaf- zum Brutnest.

ihnen befinden sich jeweils die fütternden Eltern sowie die neuen Paare, die gerade ein Nest angenommen haben. Später treffen nestbauende und nestsuchende Paare ein. Von nun an fliegen den Tag über ständig Gruppen zwischen Schwarm und Kolonie hin und her. In den Mittagsstunden ist die Kolonie noch einmal fast leer, und etwa 2 Stunden vor Sonnenuntergang beginnt die große abendliche Schwarmstunde, die bei sehr vielen australischen und afrikanischen Prachtfinken in sehr ähnlicher Weise zu beobachten ist. Zu dieser Zeit befinden sich fast alle Koloniemitglieder im Schwarm, und selbst Nester mit Eiern oder frisch geschlüpften Nestlingen können eine Zeitlang leer stehen. Kurz vor Sonnenuntergang kehren die Tiere zurück, sitzen noch eine Weile in kleinen Gruppen zusammen und suchen schließlich ihre Nester auf.

Nicht alle Zebrafinken brüten indessen gesellig. Ein geringer Prozentsatz baut einzeln oder in kleinen Gruppen, und zwar auch dann, wenn in den Brutkolonien der Umgebung noch genügend Nistmöglichkeiten vorhanden sind, ein äußerer Zwang zur Absonderung also nicht besteht. Die Tiere nehmen durchaus am Leben des Schwarmes teil und erscheinen zu den gemeinsamen Schwarmstunden. Es ist noch nicht bekannt, ob es von Jahr zu Jahr die gleichen Tiere sind, die die Brutkolonien meiden. Auch über die Ursache dieser Erscheinung sind noch keine Aussagen möglich. Ähnliche innerartliche Unterschiede im Geselligkeitsbedürfnis sind von anderen Tierarten bekannt.

1.10. Beziehungen zu anderen Vögeln, Feinde

Über die Feinde erwachsener Zebrafinken ist so gut wie nichts bekannt. Nach Cleland (1931) werden sie gelegentlich von kleinen Falken erbeutet. Der „Hauptfeind" der Art scheinen jedoch ausgedehnte Dürrezeiten zu sein, während der die Tiere in großer Zahl verhungern und verdursten (S. 49). Gelege und Jungvögel fallen vielfach – besonders im Norden des Erdteils – Schlangen und Eidechsen zum Opfer. In Anpassung hieran haben die Tiere verschiedene Methoden entwickelt, um sich vor diesen Nesträubern zu schützen (S. 29). Darüber hinaus werden viele Nester durch orkanartige Stürme zu Boden geworfen, oder ihr Polstermaterial wird bei lang andauernden Regenfällen so stark durchtränkt, daß die Eltern die Brut aufgeben.

Besonders gefährliche Nesträuber stellt die Singvogelfamilie der Honigfresser *(Meliphagidae)*, namentlich die über den ganzen Kontinent verbreitete Art *Meliphaga virescens*. Die Honigfresser dringen in die Nester ein, stoßen den Schnabel in die Eischale und lecken den Inhalt der Eier aus. Gelegentlich fressen sie auch frischgeschlüpfte Jungvögel oder verschleppen sie. Ältere Jungvögel lassen sie unbehelligt, doch wird das Nest oft derart beschädigt, daß die Eltern es aufgeben und die Jungen verhungern. In einer einzigen Brutkolonie in Südwestaustralien wurden im September und Oktober 1959 von 13 Nestern 8 durch Honigfresser ausgeplündert. Die Tiere wurden derart verfolgt, daß sie schon bei den ersten Rufen der Honigfresser Nest und Kolonie in panischer Angst verließen. Eigenartigerweise hat die Art jedoch keinerlei Feindreaktionen auf Honigfresser entwickelt.

1.11. Jahresperiodik

1.11.1. Lage der Brutzeit

Zebrafinken sind hauptsächlich Körnerfresser. Sie sind in der Lage, sich monatelang ausschließlich von trockenen Pflanzensamen zu ernähren. Für die Aufzucht von Jungtieren benötigen **sie** dagegen halbreife Sämereien, frisches Grün und tierisches Eiweiß als Beikost (S. 10). Dieses Aufzuchtfutter steht jedoch in allen Teilen Australiens jeweils nur nach Regenfällen zur Verfügung. Sobald die Niederschläge für Wochen oder Monate ausbleiben, vertrocknet die Vegetation, und die als Beutetiere in Frage kommenden Insekten verschwinden. Die Fortpflanzungszeit des Zebrafinken richtet sich daher in erster Linie nach den Niederschlägen, und die Tiere brüten vorzugsweise während und kurz nach der Regenzeit. Allerdings können Regenfälle auch einen negativen Einfluß ausüben: Als typischer Bewohner trockener Landschaften baut der Zebrafink die oberflächlichsten Nester aller australischen Prachtfinken. Sie sind vielfach nicht sehr fest mit ihrer Unterlage verankert und können deshalb von heftigen Stürmen leicht heruntergerissen werden (s. o.). Außerdem weisen sie ein dünnes und durchlässiges Dach auf, wodurch Dauerregen Gelege und Junge rasch vernichtet (S. 42). Aus diesem Grund sind Monate mit s e h r viel Regen für die Fortpflanzung wieder ungünstig. Schließlich kann auch die Temperatur die Lage der Brutzeit beeinflussen: Zwar ist der Zebrafink für eine tropische und subtropische Vogelart erstaunlich unempfindlich gegenüber niedrigen Temperaturen und kann sogar leichten Frost längere Zeit vertragen, doch scheinen die Tiere nicht in der Lage zu sein, bei täglichen Durchschnittstemperaturen von weniger als etwa 12 °C zu brüten.

Das ausgedehnte Verbreitungsgebiet des Zebrafinken, das mehrere Klimazonen mit sehr unterschiedlichem jährlichem Temperatur- und Niederschlagsverlauf umfaßt, hat zur Folge, daß das Zusammenspiel der erwähnten Faktoren und damit auch die Lage der Brutzeit regional sehr verschieden ist:

Im Norden und Zentrum des Kontinents liegen die Temperaturen ganzjährig so hoch, daß die Fortpflanzung a u s s c h l i e ß l i c h von den Niederschlägen bestimmt wird. In Nordaustralien brüten die Tiere in der Regel in der zweiten Hälfte der Regenzeit und bis in die Trockenzeit hinein (etwa Januar bis Juni), doch kann bei günstigen Niederschlagsverhältnissen auch in anderen Monaten, namentlich am Beginn der Regenzeit (Oktober/November) gebrütet werden. Allerdings gibt es auch hier noch regionale Unterschiede: Da die jährliche Niederschlagsmenge im Norden Australiens von Westen nach Osten und von Süden nach Norden zunimmt, zeigt der Zebrafink in diesen beiden Richtungen in zunehmendem Maße die Tendenz, die regenreichsten Monate (Januar/

Februar) ganz auszulassen und mehr und mehr am Beginn und am Ende der Regenzeit zu brüten, d. h. jeweils zu einer Zeit, in der einzelne Regentage mit längeren Schönwetterperioden abwechseln.

In Zentralaustralien gibt es keine regelmäßige Regenzeit: Es kann dort in jedem Monat des Jahres regnen, aber die Niederschläge können andererseits auch für Monate oder Jahre völlig ausbleiben. An diese Situation hat sich der Zebrafink angepaßt, indem er völlig unabhängig von der Jahreszeit jeweils dann brütet, wenn es gerade geregnet hat. Das hat zur Folge, daß die Art u. U. in einem Jahr zwei- oder dreimal zur Brut schreitet, während sie ein anderes vielleicht ganz ausläßt.

Die Gebiete im Osten und Südosten Australiens (bis ungefähr zum südwestlichen Victoria) erhalten ganzjährige Niederschläge mit einem ausgeprägten Maximum in den Sommermonaten. Von den beiden Voraussetzungen für die Fortpflanzung ist hier die eine (Regen) also ganzjährig erfüllt, so daß die Brut offenbar hauptsächlich von den Temperaturen beeinflußt wird: Sie beginnt mit dem Ansteigen der Temperaturen im Frühjahr (Oktober), erreicht im südlichen Hochsommer (Januar) ihren Höhepunkt und hört im Herbst (März/April) wieder auf. Grundsätzlich anders verhält sich die Art dagegen in Südwest- und Südaustralien (bis ungefähr zur Grenze zwischen den Staaten Südaustralien und Victoria), wo die jährliche Regenzeit ganz wesentlich ungünstiger liegt: Dieses Gebiet liegt noch im Bereich der südlichen Westwindzone und hat trockene, heiße Sommer und kühle, regenreiche Winter. Im Sommer fehlt der Regen und damit die notwendige Ernährungsgrundlage für die erfolgreiche Aufzucht von Jungen, im Winter liegen die Temperaturen

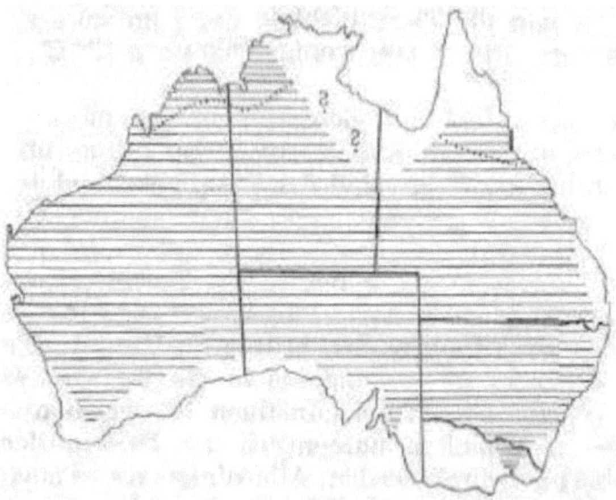

Karte 1: Verbreitung des Zebrafinken in Australien (nach Immelmann 1965). Die gepunkteten Linien geben die ungefähre Südgrenze des Gebietes an, in dem die Art nur während der winterlichen Trockenzeit anzutreffen ist. Weitere Erläuterungen im Text

zu niedrig. Damit ist der Zebrafink gezwungen, die kurze Zeitspanne zur Brut auszunutzen, in der Regenfälle noch / schon das erforderliche Nahrungsangebot sicherstellen und die Temperaturen schon / noch hoch genug sind, um eine Brut zu ermöglichen. Hieraus resultiert eine doppelte Brutzeit im Frühjahr (August/Oktober) und Herbst (März/April). Regnet es ausnahmsweise einmal im Sommer, so wird auch dann sofort zu brüten begonnen (S. 52). Setzen dagegen die Niederschläge im Herbst zu spät (d. h. wenn es schon zu kalt ist) ein oder bleibt es im Frühjahr sehr lange (d. h. bis längere Zeit nach dem Ende der Regenfälle) außergewöhnlich kalt, so kann andererseits auch eine Brutzeit ganz übersprungen werden.

Die kurze Übersicht zeigt, daß der Zebrafink insgesamt eine wesentlich unregelmäßigere Fortpflanzungszeit hat, als man es etwa von den europäischen oder nordamerikanischen Vogelarten gewöhnt ist. Das bezieht sich sowohl auf die viel größeren geographischen Unterschiede als auch auf die durch die von Jahr zu Jahr zeitlich mehr oder minder stark variierenden Regenfälle bedingten Schwankungen innerhalb eines Gebietes. Insgesamt kann man sagen, daß sich in jedem Monat des Jahres in irgendeinem Teil Australiens Zebrafinken auf dem Höhepunkt ihrer Brutzeit befinden.

1.11.2. Verbreitungsgrenzen, Wanderungen

Niederschläge und Temperatur beeinflussen nicht nur die Lage der Brutzeit, sondern – gemeinsam mit einigen weiteren Umweltfaktoren – unmittelbar oder mittelbar, d. h. über den Fortpflanzungserfolg, auch die geographische Verbreitung des Zebrafinken, die daher an dieser Stelle noch einmal ausführlicher erörtert werden soll: Wie bereits erwähnt (S. 8), bewohnt der Zebrafink zwar große Teile des australischen Festlandes, fehlt aber im Nordosten, dem äußersten Südwesten und in einigen Teilen Südostaustraliens. Die Grenzen seines Vorkommens können sich außerdem relativ regelmäßig im Laufe des Jahres oder unregelmäßig in größeren Zeiträumen verschieben. Sie werden offenbar in den verschiedenen Teilen Australiens auf unterschiedliche Weise beeinflußt:

Im gesamten Nordteil des Kontinents ist es während des ganzen Jahres sehr warm, d. h., hier richtet sich das Vorkommen des Zebrafinken ausschließlich nach den Regenfällen: Wie bereits erwähnt, geht er als ausgesprochen trockenangepaßter Vogel starken und langandauernden Regenfällen so weit wie möglich aus dem Wege. Er vermeidet es nicht nur, während der Hauptregenzeit zu brüten (s. o.), sondern er weicht oberhalb einer bestimmten Niederschlagsmenge zeitweise sogar völlig aus und kann das betreffende Gebiet für Wochen oder Monate ganz verlassen. So spiegelt sich die bereits erwähnte Zunahme der Niederschläge von Westen nach Osten ganz unmittelbar auch in der Verbreitung des

Zebrafinken wider: In Nordwestaustralien und im Nordterritorium dringt er während der winterlichen Trockenzeit (etwa April bis Oktober) bis unmittelbar an die Küste vor und erreicht im Nordwesten sogar einige der Küste vorgelagerte Inseln. Während der sommerlichen Regenzeit können die Niederschläge in Küstennähe dagegen bereits so hoch sein, daß sie die Tiere zum Abwandern in das (trockenere) Landesinnere zwingen. Es ergibt sich damit eine Zone, in der der Zebrafink regelmäßig nur während der Trockenzeit anzutreffen ist. Sie beginnt im Nordwesten etwa bei Derby und entfernt sich nach Osten zunehmend von der Küste. Im Nordterritorium verläuft ihre Südgrenze etwa bei Katherine, weiter östlich ist ihr Verlauf infolge fehlender Beobachtungen nicht mehr feststellbar. Allerdings ist die Lage dieser Grenze infolge der jährlich schwankenden Regenmenge verschieden: Je niederschlagsreicher die Regenzeit ist, desto weiter verschiebt sie sich nach Süden. Nördlich dieser Grenzlinie treffen die Tiere am Ende der Hauptregenzeit ein und wandern am Beginn der folgenden Regenzeit wieder ab.

Besonders genau konnte ich diese Verhältnisse während der Regenzeit 1959/1960 in den nordöstlichen Kimberleys verfolgen: Unmittelbar an der Küste (Wyndham) verschwanden die Zebrafinken mit den ersten ergiebigen Regenfällen Mitte November und kehrten – wohl veranlaßt durch die fortschreitende Austrocknung der Wasserstellen weiter im Landesinnern, vielleicht auch durch starken Populationsdruck – erst Anfang April zurück. Auf der Kimberley Research Station etwa 100 km landeinwärts wanderte das Gros der Tiere Anfang Dezember ab und kehrte ebenfalls Anfang April wieder. Einzelne Paare blieben jedoch bereits während der ganzen Regenzeit anwesend, und einige versuchten sogar zu brüten, doch gingen fast alle Gelege im Dauerregen zugrunde. Weitere 100 km landeinwärts am oberen Ord River schien bereits die gesamte Population auch während der regenreichen Monate auszuhalten.

Die gleichen Verhältnisse herrschen im Innern von Queensland. Im Norden dieses Staates aber, und zwar nördlich einer Linie, die etwa zwischen den Städten Normanton und Ingham verläuft, ändert sich das Bild. Dort steigt die jährliche Niederschlagsmenge und mit ihr die Dauer der Regenzeit rasch an, und es kommt außerdem auch während der trockeneren Jahreszeit gelegentlich zu ergiebigen Niederschlägen. Damit hat der Zebrafink seine absolute Verbreitungsgrenze erreicht. Es fehlen die Voraussetzungen für eine erfolgreiche Brut; die Art fehlt in normalen Jahren völlig und stößt nur in außergewöhnlich trockenen Jahren – offenbar durch große Dürre im Landesinnern veranlaßt – etwas weiter nach Norden vor. Der nordöstlichste Punkt, von dem Zebrafinken nachgewiesen wurden, ist die Umgebung der Stadt Cairns.

Die südliche Verbreitungsgrenze wird im Gegensatz zur Nordgrenze in entscheidender Weise von der Temperatur mitbestimmt, und zwar im Osten offenbar von ihr allein, im Westen von dem zeitlichen Verhältnis zwischen Temperatur und Niederschlägen: Im südlichen Neusüdwales und in Victoria dringt der Zebrafink so weit nach Süden vor, wie es die winterlichen Temperaturen zulassen. Er erreicht bei Melbourne sogar die Südspitze des Kontinents, harrt dort in milden Jahren selbst während der Wintermonate aus und wandert nur in besonders kalten Wintern einige 100 km nach Norden ab. Etwas weiter westlich, d. h. im Staat Südaustralien und im äußersten Südwesten des Erdteils dagegen dringt die Art bei weitem nicht so weit südwärts vor. So liegt ihre Verbreitungsgrenze in Südaustralien bei Langhorne's Creek, d. h. etwa 50 km nördlich von Adelaide. In der Umgebung von Adelaide kommt er schon nicht mehr vor, obwohl die jährliche Durchschnittstemperatur hier um 2,6 °C höher liegt als in Melbourne und die Nachttemperaturen auch in den Wintermonaten selten weit unter den Gefrierpunkt absinken. Das gleiche gilt für Südwestaustralien.

Der Grund für diesen auffallenden Unterschied liegt in der Niederschlagsverteilung. Der Regen fällt in den letztgenannten Gebieten hauptsächlich im Winter, weiter im Osten aber vorwiegend im Sommer. Das bedeutet, daß die Voraussetzungen für die Fortpflanzung im Osten wesentlich günstiger sind, während die Brutzeit im Westen jeweils zwischen zwei ungünstigen Jahreszeiten „eingeklemmt" werden muß und in manchen Jahren ganz ausfällt (S. 45). Diese Tatsachen lassen erkennen, daß der Zebrafink an seiner gegenwärtigen Verbreitungsgrenze in Südwestaustralien seine eigentliche Temperaturgrenze noch gar nicht erreicht hat, d. h. daß er temperaturmäßig noch weiter nach Süden vordringen könnte. Auch die jährliche Niederschlagsmenge liegt weder an der oberen noch an der unteren Toleranzgrenze. Daraus folgt, daß eine dauerhafte Ansiedlung dort nur deshalb nicht möglich ist, weil die ungünstige Koppelung der Niederschläge mit tiefen Temperaturen die Fortpflanzung verhindert. Damit ist die Südwestgrenze als einzige Verbreitungsschranke nicht durch einen einzelnen Faktor, sondern durch das Verhältnis zweier Faktoren zueinander bestimmt.

In diesem Zusammenhang interessiert die Tatsache, daß man einzelne Zebrafinken in Südwestaustralien schon weit südlich von der regelmäßigen Verbreitungsgrenze beobachtet hat, wo sie sich auch für längere Zeit hielten, wo Paare aber niemals irgendwelche Brutversuche machten. Auch die Brutkolonien in meinem ersten Beobachtungsgebiet in der Umgebung der kleinen Stadt York, die genau an der Verbreitungsgrenze des Zebrafinken lagen und wahrscheinlich überhaupt die südwestlichsten Brutplätze der Art darstellten, waren schon ausgesprochene „Verlustgeschäfte": So verließen in einer der Kolonien mit etwa 20 Brutpaaren bei der Frühjahrsbrut 1959 insgesamt nur sieben Jungvögel das Nest, und während des ungewöhnlich kalten Herbstes 1960 gelangte nicht ein einziger Jungvogel zum Ausfliegen. Inzwischen ist diese Kolonie völlig erloschen (Dr. Serventy, briefl.). – Diese Beispiele zeigen, daß sich in der Südwestecke seines Verbreitungsgebietes als Folge des ungünstigen Klimaverlaufes für den Zebrafinken eine ausgesprochene „Verschleißzone" herausgebildet hat, die — namentlich in schlechten Jahren — nur durch Ergänzung aus dem Landesinnern überhaupt gehalten werden kann. Eine solche Zuwanderung konnte ich, da die Koloniebewohner und deren Junge alle farbig beringt waren, auch in meinem Beobachtungsgebiet sehr leicht immer wieder feststellen.

Die absichtlich etwas ausführlicher gehaltene Darstellung sollte am Beispiel dieser einen Art demonstrieren, in welch mannigfaltiger Weise die Fortpflanzungsperiodik und die geographische Verbreitung einer subtropischen und tropischen Vogelart von der Umwelt beeinflußt werden können und an welch unterschiedliche Bedingungen sie sich innerhalb eines großen Verbreitungsgebietes anpassen muß.

Die beschriebenen Verbreitungsgrenzen und die regelmäßigen jahreszeitlichen Wanderungen im äußersten Norden und Süden treffen jedoch auch wiederum nur für einen annähernd „normalen" Klimaverlauf zu. In besonderen Dürrezeiten, wenn sich das Nahrungs- und Trinkwasserangebot im Landesinnern rapide verschlechtert, dringen die Tiere in riesigen Schwärmen in Richtung auf die feuchteren Küstengebiete vor und können dabei ihre normalen Verbreitungsgrenzen weit überschreiten. Sie tauchen dann plötzlich in großer Zahl in Gebieten auf, in denen sie seit Jahren oder Jahrzehnten nicht mehr gesehen wurden. Häufig kommt es dabei auch zu Brutversuchen und manchmal sogar zu einer vorübergehenden Ansiedlung mit mehreren erfolgreichen Bruten. In der Regel verschwinden die Tiere jedoch sehr rasch wieder, wobei man allerdings noch nicht weiß, ob sie wieder in das Landesinnere zurückwandern oder ob sie allmählich zugrunde gehen.

Allerdings ist es in einigen Teilen Australiens in letzter Zeit auch zu einer d a u e r h a f t e n Ausbreitung des Zebrafinken gekommen: Diese Verbreitungsänderungen sind zu einem kleineren Prozentsatz auf klimatische Einflüsse, zum größeren Teil aber zweifellos auf den Einfluß des Menschen zurückzuführen. So hat man in den küstennahen Gebieten in den letzten Jahrzehnten in zunehmendem Maße die wenigen dort vorhandenen Wälder gerodet und in Acker- und Siedlungsland umgewandelt. Damit waren die Voraussetzungen für ein Einwandern des Zebrafinken gegeben, der geschlossene Waldungen meidet, offene Ackerlandschaften aber gern besiedelt (S. 9). Auch mögen gelegentlich einzelne Zebrafinken, die aus Käfigen und Volieren entwichen sind oder mit Absicht freigelassen wurden, zur Festsetzung in bisher nicht besiedelten Gebieten und damit letzten Endes zu einer Ausbreitung der Art beigetragen haben. Zweifellos kann aber auch die in Australien überall zu beobachtende Abnahme der jährlichen Niederschlagsmengen, die mit einer ständig fortschreitenden Austrocknung des Kontinents und einem Zurückweichen der Wälder verbunden ist, diesen Prozeß gefördert haben. Auch andere trockenangepaßte australische Vogelarten haben ihr Verbreitungsgebiet in neuerer Zeit küstenwärts ausgedehnt. Hier sind menschliche und klimatische Einflüsse also in der gleichen Richtung wirksam, und ihr jeweiliger Anteil an den Arealverschiebungen läßt sich nicht genau ermitteln. Weitere Einzelheiten über die Verbreitungsgrenzen und die Brutzeiten des Zebrafinken habe ich an anderer Stelle erörtert (Immelmann 1965).

1.11.3. Anpassungen an die unregelmäßige Lage der Brutzeit

Es ist an dieser Stelle erforderlich, noch einmal auf die Brutperiodik des Zebrafinken zurückzukommen, um auf einige interessante Anpassungen im Verhalten und in der Physiologie aufmerksam zu machen. Es wurde dargelegt, daß sich die Art durch eine wesentlich unregelmäßigere Fortpflanzungszeit auszeichnet als die Mehrzahl der europäischen und nordamerikanischen Vogelarten. Schon in den küstennahen Gebieten, wo jeweils annähernd in der gleichen Jahreszeit gebrütet wird, können außergewöhnlich tiefe Temperaturen oder ausbleibende Niederschläge einen um Wochen oder Monate verschobenen Brutbeginn zur Folge haben und selbst zum Ausfall einer ganzen Brutzeit führen. Je weiter man in das Landesinnere vordringt, desto unregelmäßiger wird der Klimaverlauf und damit auch die Brutzeit des Zebrafinken: In Zentralaustralien gibt es überhaupt keine festgelegte Fortpflanzungszeit mehr, und erzwungene Brutpausen von 1 bis 2 Jahren Dauer werden immer wieder beobachtet.

Diese Schwierigkeiten in der besten Einpassung des Fortpflanzungsgeschehens in den Jahreszeitenverlauf wiegen um so schwerer, als es gerade im Innern des Erdteils in langen Dürrezeiten zu unermeßlichen Verlusten kommen kann: Bleibt der Regen monate- oder jahrelang aus, dann vertrocknet eine Wasserstelle nach der anderen, die Tiere sammeln sich an den letzten verbleibenden Tränken und müssen bei deren Austrocknen zu Tausenden und Zehntausenden verdursten und verhungern. In der Literatur, vor allem in den Reiseschilderungen aus der australischen „Pionierzeit", findet man immer wieder erschütternde Beschreibungen eines solchen Massensterbens, nach dem die Farmer die toten Vögel schaufel- und eimerweise aus den fast leeren Brunnen und Viehtränken herausholen mußten und die Umgebung natürlicher Wasserstellen von einer dichten Schicht von Vogelleichen bedeckt war.

Eine Vogelart, die immer wieder derartigen Katastrophen ausgesetzt ist, die große Teile der Population fast völlig auslöschen können, kann nur dann auf die Dauer überleben, wenn sie eine hohe Vermehrungsrate entwickelt und die erlittenen Verluste während günstigerer Zeiten wieder wettmachen kann. Deshalb hat auch der Zebrafink – gleich vielen zentralaustralischen Vogelarten, unter ihnen beispielsweise Wellensittich, Nymphensittich und Diamanttäubchen – bestimmte Anpassungen entwickelt, die die Vermehrungsrate zu steigern vermögen. Sie betreffen zum einen die Zahl der für die Fortpflanzung in Frage kommenden Individuen und zum anderen das Ausmaß ihrer Brutbereitschaft. Beide Anpassungsgruppen sollen kurz erörtert werden:

Um die erforderliche hohe Vermehrungsrate zu erreichen, ist es notwendig, daß möglichst alle Individuen brüten, sobald günstige Umweltbedingungen eine erfolgreiche Fortpflanzung ermöglichen. In diesem Zusammenhang wird die bereits auf S. 38 anhand einiger konkreter Beispiele erläuterte „Frühreife" des Zebrafinken verständlich, d. h. die außerordentlich frühzeitige Entwicklung der Keimdrüsen, durch die die Tiere schon im Alter von 13 bis 14 Wochen voll fortpflanzungsfähig sind. Auf diese Weise können sie sofort mit Brüten beginnen, wenn die günstigen Lebensbedingungen längere Zeit andauern, und können damit zur raschen Vermehrung der Art beitragen. Dem gleichen Zweck dient die Fähigkeit, auch während der Mauser zu brüten. Normalerweise schließen sich Fortpflanzung und Federwechsel bei Vögeln gegenseitig aus, weil beide Prozesse mit einer außergewöhnlichen Belastung des Stoffwechsels verbunden sind. Um eine Schwächung des Organismus zu verhindern, wurden daher auf hormonalem Wege wechselseitige Hemm-Mechanismen entwickelt. Viele zentralaustralische Vogelarten können es sich jedoch aus den genannten Gründen nicht „leisten", daß ein Teil der Population von der Fortpflanzung ausgeschlossen bleibt, wenn die günstigen Umweltbedingungen ausgerechnet zu einer Zeit eintreffen, zu der die Tiere mausern. Sie müssen daher auf eine physiologische Schutzvorkehrung verzichten und beide Prozesse notfalls gleichzeitig ablaufen lassen. So beobachtete ich in Zentralaustralien mehrfach brütende Zebrafinken, die ihr Groß- und Kleingefieder gerade heftig mauserten. Allerdings ist noch nicht bekannt, ob während der Brut das Tempo des Federwechsels etwas vermindert wird. – Im Sinne einer hohen Vermehrungsrate ist schließlich auch die ebenfalls bereits erwähnte Eigenschaft des Zebrafinken zu deuten, die Bruten etwas ineinanderzuschachteln und schon dann wieder mit einem neuen Gelege zu beginnen, wenn die Jungen der ersten Brut noch nicht selbständig sind.

Die zweite Gruppe von Anpassungen an den unregelmäßigen Klimaverlauf betrifft die Brutbereitschaft. Auch hier liegen die Verhältnisse in Australien, vor allem im Zentrum des Erdteils, wesentlich ungünstiger als in anderen Klimazonen der Erde. In den höheren geographischen Breiten kündigt das Längerwerden der Tage nach der Wintersonnenwende schon Monate im voraus eine im Frühjahr erfolgende Verbesserung der Lebensbedingungen an. Die Tiere können also so frühzeitig mit der jährlich wiederkehrenden Reifung ihrer Gonaden beginnen, daß sie genau zu dem für die Art bzw. Population günstigsten Zeitpunkt brutbereit sind. Tatsächlich haben Beobachtungen und experimentelle Untersuchungen an einer Vielzahl europäischer, nordamerikanischer und nordasiatischer Vogelarten gezeigt, daß das Ansteigen der Tageslänge den entscheidenden Umweltreiz (Zeitgeber) für den Beginn der Keimdrüsenentwicklung darstellt (Übersicht bei Farner 1966).

In den Subtropen und Tropen ist eine solche „Vorwarnung" aus zwei Gründen wesentlich weniger gut möglich: Zum einen sind die jahreszeitlichen Unterschiede in der Tageslänge geringer und erreichen am Äquator selbst die Grenze der Wahrnehmbarkeit. Zum anderen sind sie insofern als vorwarnende Zeitgeber ungeeignet, als die Brutzeit vieler Vögel unmittelbar von der Verteilung der Niederschläge abhängig ist, die aber ihrerseits wieder sehr unregelmäßig und damit nicht an bestimmte Tageslängenverhältnisse gebunden sind. Am extremsten ist diese Situation in Zentralaustralien, wo ja nach Regen in jedem Monat des Jahres, d. h. bei zunehmenden, abnehmenden oder gleichbleibenden Tageslängen gebrütet werden kann.

Hieraus folgt, daß dem Zebrafinken – zumindest im Innern Australiens – keinerlei Umweltfaktoren zur Verfügung stehen, die auf eine Besserung der Lebensverhältnisse und damit auf baldige Brutmöglichkeiten hinweisen. Ihr frühestes Anzeichen ist der Regen selbst. Sobald es aber in Zentralaustralien einmal zu regnen begonnen hat, ist für den Brutbeginn auch schon höchste Eile geboten, da dem Regen in der Regel außergewöhnlich rasch eine ganze Vegetationsperiode folgt: Schon wenige Tage nach dem Einsetzen der Niederschläge beginnen die im Boden liegenden Samen von Gräsern und Kräutern zu keimen, bald überzieht sich die Landschaft buchstäblich mit einem grünen Teppich, und 2 bis 3 Wochen später schon formen sich die ersten Ähren an den Gräsern. Aber diese Vegetationsperiode dauert – sofern es nicht zwischenzeitlich wieder regnet – in der Regel nur kurze Zeit: Schon nach 6 bis 8 Wochen zeigen die Gräser die ersten gelben Spitzen, und einige Wochen später ist die Landschaft genauso vertrocknet wie vor den Niederschlägen.

Will eine Vogelart eine solche Vegetationsperiode für die Fortpflanzung ausnutzen, so muß sie praktisch sofort nach dem Regenbeginn damit anfangen. Das gilt auch für den Zebrafinken. Bei ihm schlüpfen die Jungen etwa 2 Wochen nach Brutbeginn, fliegen 3 Wochen später aus und sind nach nochmals 1 bis 2 Wochen selbständig. Das bedeutet, daß die günstigen Lebensbedingungen den Jungtieren nur dann voll zugute kommen, wenn die Eltern so frühzeitig wie möglich zu brüten begonnen haben.

Hieran haben sich die zentralaustralischen Zebrafinken auf verschiedene Weise angepaßt. Die erstaunlichste Anpassung besteht zweifellos in einem ganz außergewöhnlich raschen Reaktionsvermögen auf Regenfälle, das schon von verschiedenen Beobachtern erwähnt worden ist. Ich konnte es im Mai 1960 bei einem Aufenthalt in Alice Springs in Zentralaustralien mit eigenen Augen miterleben: Dort hatte es mehrere Monate lang nicht geregnet, als plötzlich überaus heftige, wolkenbruchartige Regenfälle einsetzten, die erst nach etwa 2 Stunden etwas nachließen und in einen mehrstündigen Landregen übergingen. Beobachtungen in mehreren Zebrafinkenschwärmen, die ich von einem geländegängigen Wagen aus durchführte, zeigten überall einen förmlichen „Ausbruch" an Gesangs- und Balzaktivität: Die Männchen begannen schon unmittelbar nach dem Ende des heftigen Wolkenbruchs, d. h. noch während des Dauerregens, fast ununterbrochen zu singen und zu balzen, und weniger als 4 Stunden nach Regenbeginn fanden die ersten Kopulationen statt und wurden die ersten Grashalme für den Nestbau aufgelesen und in die bisherigen Schlafnester oder in alte Nestunterlagen eingebaut. Am Morgen des nächsten Tages war überall der Nestbau in vollem Gange. Der Verhaltensunterschied zum Vortag, an dem vor dem Regen weder Balz noch Nestbau zu beobachten gewesen waren, war frappierend. Auch in den darauffolgenden Tagen hielt der Nestbau an, und nach etwa 3 bis 4 Tagen waren die ersten ausgebesserten, nach gut einer Woche die völlig neu errichteten Nester fix und fertig. 13 Tage nach Regenbeginn lagen die ersten Eier in den Nestern.

Ein ähnliches Schauspiel erlebte ich im Innern von Westaustralien. Dort gingen am 30. und 31. Dezember 1959 ergiebige Gewitterregen nieder, obwohl Sommerregen in dieser Gegend normalerweise unbekannt sind. Die Kontrolle von drei Brutkolonien am 22. Dezember hatte keinerlei Brutaktivität erkennen lassen. Die Tiere hielten schwarmweise zusammen, und die Brutkolonie war tagsüber leer. Bei einer kurzen Kontrolle in einer Kolonie am 1. Januar waren 2 Paare beim Nestbau, 3 bis 5 weitere auf Nistplatzsuche. Am 12. und 13. Januar wurden alle drei Kolonien von Dr. Serventy und mir erneut besucht. Die Kontrolle ergab 6 frische Gelege, ein neu errichtetes Brutnest sowie mindestens 22 ausgebesserte, zum Legen fertige Nester. Die ersten Eier müssen am 9. Januar, d. i. am 11. Tag nach dem Beginn des Regens, gelegt worden sein. In normalen Jahren brütet der Zebrafink in diesem Gebiet im Frühjahr und Herbst, aber niemals zur sommerlichen Trockenzeit (S. 45).

Gleichartige Beobachtungen liegen über andere Vogelgruppen vor. So beginnen auch verschiedene Honigfresser, Schwalben, Schwalbenstare und Sittiche in Zentralaustralien jeweils unmittelbar nach Regenfällen zu balzen und zu bauen und wenige Tage später zu legen. Dieses erstaunlich schnelle Reaktionsvermögen ist zweifellos in der oben geschilderten Weise als eine Anpassung an den unregelmäßigen Jahresverlauf der Niederschläge zu deuten.

Ein rasches Ansprechen auf Regenfälle genügt jedoch allein noch nicht, um das gewünschte Ziel zu erreichen. Es muß vorher noch eine weitere Voraussetzung erfüllt sein: Bei nahezu allen Vogelarten mit einer annähernd regelmäßigen Brutzeit bilden sich die Gonaden bekanntlich nach dem Ende der letzten Brut zurück, verweilen während mehrerer Monate in einem Zustand völliger Inaktivität, was rein äußerlich schon durch eine starke Größenabnahme gegenüber der Brutzeit gekennzeichnet ist, und beginnen erst wenige Wochen oder Monate vor der nächsten Fortpflanzungsperiode wieder heranzureifen. Dieser Zyklus hat zweifellos große Vorteile, weil die Keimdrüsen auf diese Weise während ihrer Ruhezeit (Regenerationszeit) den Stoffwechsel des Tieres kaum belasten. Zebrafinken können sich jedoch – gleich den übrigen trockenangepaßten Vogelarten Inneraustraliens – ein derartiges Ruhestadium ebenfalls nicht „leisten“: Da die Regenfälle in keiner Weise vorhersehbar sind, könnte durchaus der Fall eintreten, daß es wieder zu regnen beginnt, während die Tiere sich noch in ihrer Regenerationsphase befinden. Da die Reifung der Keimdrüsen auch bei einem Kleinvogel mehrere Wochen in Anspruch nimmt, würde das bedeuten, daß die Tiere – selbst bei einem raschen Ansprechen auf den Beginn der Regenfälle – in der Regel „zu spät“ brutbereit wären, um die Zeit günstiger Lebensbedingungen noch optimal ausnutzen zu können.

Zebrafinken haben dieses Problem umgangen. Sie haben keine oder höchstens eine sehr kurze (nur Tage währende) Regenerationszeit der Gonaden und scheinen anschließend gleich wieder voll brutbereit zu sein, d. h., ihre Keimdrüsen sind praktisch das ganze Jahr über aktiv (Farner und Serventy 1960). Diese physiologische Eigenart äußert sich natürlich auch im Verhalten: Während sexuelle Verhaltensweisen bei den meisten Vögeln außerhalb der Fortpflanzungszeit völlig verschwunden sind, singen Zebrafinken das ganze Jahr über und zeigen auch ganzjährig eine gewisse Balzaktivität. Diese natürliche „Hypersexualisierung“, die zunächst nur eine Begleiterscheinung der aktiven Keimdrüsen ist, kann sekundär auch den Zusammenhalt des Paares und damit ihrerseits wieder einen raschen Brutbeginn fördern. Sie hat darüber hinaus auch für den Menschen eine gewisse Bedeutung, da sie die Domestikation des Zebrafinken wahrscheinlich in entscheidender Weise beeinflußt hat (S. 90). Ähnliche Erscheinungen sind wiederum von vielen zentralaustralischen Vögeln, aber auch von Vogelarten aus anderen tropischen Trockengebieten bekannt.

Schließlich können noch einige weitere Verhaltensweisen, die teilweise bereits erwähnt wurden, als Anpassungen an den unregelmäßigen Klimaverlauf im Innern Australiens gedeutet werden. Hierzu gehören in erster Linie die mitunter recht weiten Wanderungen, die die Tiere bei Nahrungs- und Wassermangel unternehmen (S. 48). Dabei können sie zufällig in Gebiete geraten, in denen es gerade regnet, und können dort zu brüten beginnen. Sie brüten also nicht nur zu jeder beliebigen Zeit, sondern auch an jedem beliebigen Ort, sofern günstige Voraussetzungen gegeben sind. Auch die bereits erwähnte enge Paarbildung und die gesellige Lebens- und Brutweise scheinen unter den geschilderten Klimaverhältnissen vorteilhaft zu sein, weil sich Artgenossen, die eng zusammenleben, gegenseitig stimulieren und ihre Keimdrüsenentwicklung damit beschleunigen können. Diese Frage wurde an anderer Stelle ausführlich erörtert (Immelmann 1963).

Selbstverständlich treffen die hier geschilderten Anpassungen in diesem Ausmaß nur für die zentralaustralischen Zebrafinken zu. In den küstennahen Randgebieten sind sie nicht ganz so kraß. Offenbar gibt es also geographische Unterschiede, die sich je nach den Umweltbedingungen, denen die einzelnen Populationen ausgesetzt sind und waren, verschieden stark herausgebildet haben. Insgesamt stellt aber der ganze Komplex der Jahresperiodik neben dem Wasserhaushalt einen zweiten Funktionskreis dar, in dem die Besiedlung besonders lebensfeindlicher Gebiete zu ganz erstaunlichen Anpassungserscheinungen von seiten des tierischen Organismus geführt hat.

2. Der Zebrafink in Gefangenschaft

2.1. Geschichte der Haltung und Züchtung

Der australische Zebrafink ist heute neben dem Japanischen Mövchen die am häufigsten gehaltene und gezüchtete Prachtfinkenart, ja einer der beliebtesten Stubenvögel überhaupt, der in dieser Hinsicht außerhalb der Prachtfinken nur noch vom Wellensittich und vom Kanarienvogel übertroffen werden dürfte. Eigentlich mag diese Tatsache ein wenig verwundern, denn der Zebrafink ist weder zutraulich und gelehrig wie der Wellensittich, noch hat er einen wohlklingenden Gesang wie der Kanarienvogel. Im Gegenteil: Er bleibt zeitlebens scheu, und seine Stimme ist alles andere als wohlklingend; die lauten und penetranten, trompetenartigen Rufe können auf die Dauer – namentlich im Zimmer – sogar recht unangenehm wirken. Dafür hat der Zebrafink aber in anderen Dingen den übrigen Stubenvögeln viel voraus: Er ist besonders ansprechend gezeichnet und gefärbt, und sein Verhalten im Gemeinschaftskäfig oder in der Voliere ist sehr vielfältig und gibt immer wieder Gelegenheit zu neuen und interessanten Beobachtungen. Daß er sehr leicht zu halten und zu züchten ist, mag natürlich auch zu seiner Beliebtheit beigetragen haben.

Merkwürdigerweise läßt sich gerade beim Zebrafinken – im Gegensatz zu manchen weit weniger verbreiteten Stubenvögeln – die Geschichte seiner Haltung in Europa nicht mehr genau verfolgen. Zwar beschreibt ihn schon der französische Naturforscher Vieillot in seinem Werk „Histoire naturelle des plus beaux chanteurs de la zone torride", das in den Jahren von 1805 bis 1809 erschienen ist, und diese Erwähnung ist oft als Beweis dafür zitiert worden, daß der Zebrafink bereits Anfang des 19. Jahrhunderts in Europa gehalten worden sei. Aus der Beschreibung Vieillots geht jedoch nicht hervor, ob er tatsächlich jemals lebende Zebrafinken gesehen oder besessen hat oder ob seine Angaben lediglich auf Balgmaterial beruhen. Es ist daher bis heute nicht sicher bekannt, wer die Art in Europa zum erstenmal gehalten und wer sie gezüchtet hat. Wir wissen nur, daß die Erstzüchtung spätestens um die Mitte des vorigen Jahrhunderts gelegen haben muß, da die Art schon im ersten Jahrgang der „Gefiederten Welt“, der 1872 erschien, als leicht züchtbar erwähnt wird. Trotzdem waren Zebrafinken noch in den 70er Jahren relativ selten im Handel, und erst etwa 20 Jahre später tauchten sie in den Angeboten der Händler regelmäßig auf. Bis zum ersten Weltkrieg gehörte der Zebrafink dann bereits zu den am häufigsten gehaltenen und gezüchteten Prachtfinken, und auch über die Kriegsjahre konnte im Gegensatz zu vielen anderen Käfigvögeln ein guter Zuchtstamm erhalten werden. Aus diesem Grund erreichte er auch nach Kriegsende bald wieder seine alte Häufigkeit, überstand auch die Jahre des zweiten Weltkrieges, wenn auch nur in geringer Stückzahl, und wird heute häufiger gehalten und gezüchtet als je zuvor. Seine große Beliebtheit kann wohl keinen besseren Ausdruck finden als in der Tatsache, daß in verschiedenen Ländern, z. B. in England, bereits eigene Gesellschaften bestehen, die sich ausschließlich mit der Pflege und Zucht des Zebrafinken befassen, große Ausstellungen veranstalten und einen eigenen Bewertungsstandard geschaffen haben. Auch in denjenigen Ländern, in denen eigene Gesellschaften für den Zebrafinken noch nicht bestehen, spielt er im Vortrags- und Ausstellungsprogramm der Vogelliebhaber-Organisationen dennoch stets eine beherrschende Rolle.

2.2. Der Zebrafink als Haustier

Die leichte Züchtbarkeit des Zebrafinken hatte bald ein so großes Angebot an Jungtieren zur Folge, daß es sich kaum noch lohnte, Wildfänge aus Australien nach Europa zu importieren. Es ist nicht mehr mit Sicherheit feststellbar, wann die letzten „wilden“ Zebrafinken nach Europa gelangten. Nach dem zweiten Weltkrieg sind mit ziemlicher Sicherheit keine Wildfänge mehr importiert worden, doch ist anzunehmen, daß schon seit dem Beginn des ersten Weltkrieges kaum ein Neuimport mehr stattgefunden hat. In den 50er Jahren wurden von einigen holländischen Händlern wiederholt „garantiert australische Zebrafinken“ angeboten, die zwar wahrheitsgemäß aus Australien stammten, die aber dort auch nur in Volieren gezüchtet worden waren, da inzwischen auch im Ursprungsland des Zebrafinken eine Massenzucht eingesetzt hatte und gezüchtete Tiere in großen Mengen exportiert wurden.

Die mangelnde Blutauffrischung durch Wildfänge hat dazu geführt, daß sich beim Zebrafinken – genau wie bei einigen anderen Käfigvögeln, wie dem Wellensittich, dem Kanarienvogel und dem Japanischen Mövchen – inzwischen einige typische Domestikationserscheinungen entwickelt haben: Heute kann der Zebrafink als ein typisches Haustier angesehen werden, das viele hierfür charakteristische Ausfallserscheinungen aufweist. Sie beziehen sich auf das Aussehen der Tiere ebenso wie auf ihr Verhalten. Die Gefangenschaftserscheinungen im Verhalten wurden in letzter Zeit besonders intensiv studiert. Sie werden später ausführlich beschrieben werden (S. 88 ff.). Domestikationsfolgen im Aussehen beziehen sich in erster Linie auf Ausfallserscheinungen in der Gefiederpigmentierung, die zur Ausbildung verschiedener Farbschläge geführt haben. Sie werden heute planmäßig weitergezüchtet.

Bevor diese Farbrassen beschrieben werden, sei jedoch darauf hingewiesen, daß sich im Laufe der generationenlangen Züchtung durch den Menschen auch im Aussehen des sogenannten „wildfarbenen“ Zebrafinken einige Veränderungen eingestellt haben. Sie gestatten es übrigens, einen echten Wildfang auf den ersten Blick von einem in Gefangenschaft gezüchteten Zebrafinken zu unterscheiden. Die auffallendste Veränderung im Aussehen betrifft die Augenfarbe: Während die Iris des wilden Zebrafinken stets leuchtend rot gefärbt ist, zeichnen sich in Gefangenschaft gezüchtete Exemplare fast immer durch eine dunkelbraune oder dunkelrostbraune Irisfärbung aus. Nur ganz selten treten auch bei gezüchteten Tieren noch rote Augen auf.

Auch das Gefieder hat sich vielfach verändert: So haben Wildvögel eine klar abgesetzte schwarz-weiße Gesichtszeichnung, während sie bei Käfigvögeln mitunter mehr oder minder stark grau verwaschen ist. Der Rücken ist bei der Wildform grau gefärbt und zeigt nur einen schwachen bräunlichen Anflug. In Gefangenschaft wird der Anteil der Braunfärbung stärker, und es können alle Schattierungen bis zu einem dunklen Braungrau auftreten. Noch stärker schwankt die Färbung der Körperunterseite beim Weibchen: Beim Wildvogel ist sie fast stets reinweiß und weist nur ganz selten einen schwachen gelblichen oder bräunlichen Anflug auf. In Gefangenschaft gezüchtete Weibchen haben dagegen vielfach hellbraun, gelbbraun oder hellgrau verwaschene Unterseiten, deren Färbung nicht durch eine scharfe Grenze von der des Rückens abgesetzt ist, sondern allmählich in die Rückenfarbe übergeht. Auch in der Schnabelfarbe treten Änderungen auf (S. 67). Schließlich zeigen Körpergröße und Dichte des Federkleides bei domestizierten Tieren ebenfalls größere Schwankungen als bei der Wildform.

Jeder Züchter sollte sich ernsthaft bemühen, seine „wildfarbenen“ Zebrafinken wirklich der Wildform in allen Merkmalen so ähnlich wie möglich zu erhalten, und alle Tiere, die von dieser Form abweichen, von der Zucht ausschließen. Hierauf sollte auch in den Bewertungsnormen für Ausstellungen mehr Wert gelegt werden.

Abb. 17. Baumgruppe *(Hakea preissii)* in Südwestaustralien als typischer Brutplatz einer Zebrafinkenkolonie (etwa 10 Brutpaare)

Abb. 18. Blick in das Innere einer Brutkolonie. Der freie Platz in der Mitte gehört zum „sozialen Viertel" und umfaßt u. a. den auf einem kahlen, liegenden Baum befindlichen „Balzplatz". Die dichten Sträucher am Rande enthalten die Brutnester

Abb. 19. „Schwarzer" (teilmelanistischer) Zebrafink

Abb. 20. a) Bastard Zebrafink × Ringelastrild; b) Bastard Japanisches Mövchen × Zebrafink

a)

b)

Abb. 21. Männlicher Zebrafink balzt eine Plastilinattrappe an

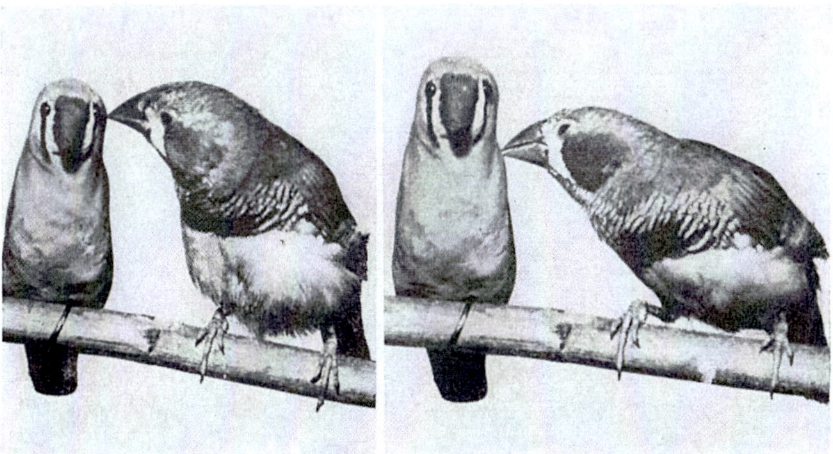

a) b)

Abb. 22. Männlicher Zebrafink versucht, eine Weibchenattrappe aus Plastilin zu kraulen. In (b) sind die Augen bereits zur Hälfte geschlossen

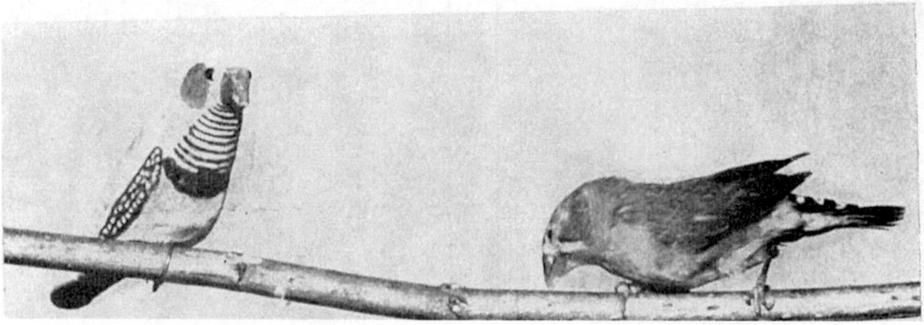

23

25

Abb. 23. Zebrafinkenweibchen fordert eine weiße Männchenattrappe zur Balz auf und wischt dabei den Schnabel im Übersprung

Abb. 24. Ein domestiziertes Männchen balzt ein anderes Männchen an

Abb. 25. Mövchengeprägter Zebrafink balzt ein Japanisches Mövchen an

Abb. 26. Mövchengeprägter Zebrafink balzt eine Mövchenattrappe an

Abb. 27. Auswahlversuch zur Feststellung der sexuellen Präferenz mövchengeprägter Männchen: Der von Mövchen aufgezogene Zebrafink balzt in Anwesenheit einer arteigenen Weibchenattrappe eine Mövchenattrappe an

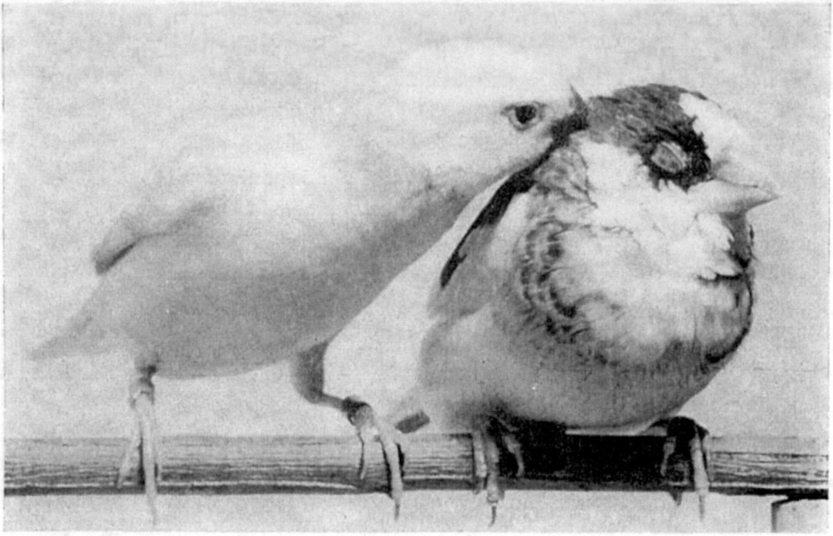

Abb. 28. Mövchenaufgezogener weißer Zebrafink krault ein Japanisches Mövchen

Abb. 29. Mövchenaufgezogener Zebrafink krault eine Mövchenattrappe

Abb. 30. Ein von weißen Eltern aufgezogenes Männchen hat sich mit einem weißen Weibchen verpaart

Abb. 31. Vom Menschen aufgezogener Zebrafink balzt die Hand des Pflegers an

Abb. 32. Handaufgezogener weißer Zebrafink läßt sich vom Pfleger kraulen

Abb. 33. Klangspektrogramme der Gesangsstrophe von Zebrafinken und Mövchen:
a) Japanisches Mövchen,
b) Gesang eines mövchenaufgezogenen Zebrafinken; Stiefsohn von a,
c) Gesang eines normalaufgezogenen Zebrafinken; Vater von (b)
Ordinate: Frequenzspektrum in kHz.
Abszisse: Zeit in Sekunden

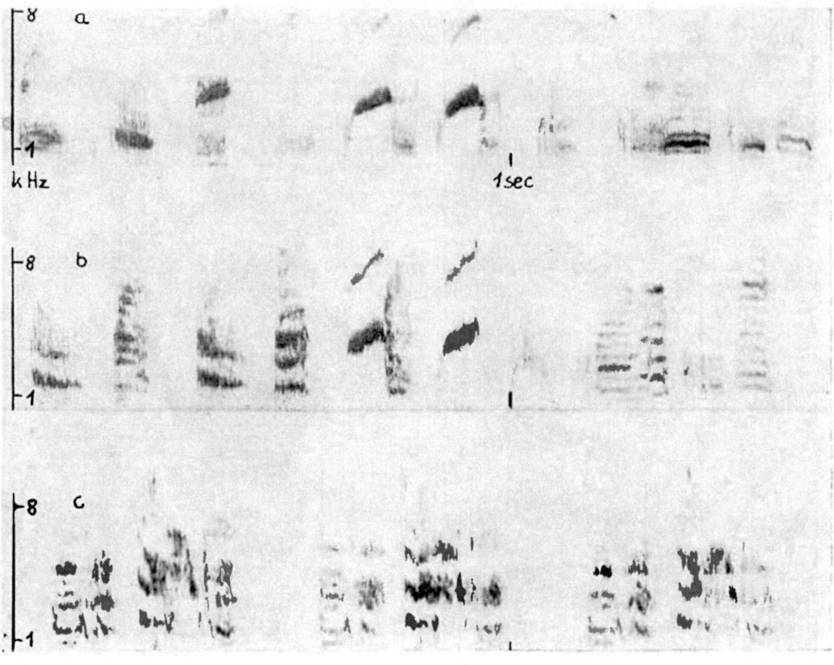

2.3. Beschreibung der Farbzuchtrassen

Die auffallendste Erscheinung bei gefangenen Zebrafinken sind jedoch zweifellos Farbmutationen. Wie bereits erwähnt, handelt es sich dabei ausschließlich um Ausfälle einzelner Farbstoffe, niemals aber um eine Neubildung von Pigmenten. Hierin entspricht der Zebrafink anderen Haustieren. Auch beim Wellensittich kommen alle in Gefangenschaft aufgetretenen Farbschläge, soweit sie nicht durch die Federstruktur bedingt sind, durch das Verschwinden von Pigmenten zustande. Nur der Kanarienvogel macht scheinbar eine Ausnahme. Die roten Vögel zeigen eine Farbe, die es in Freiheit nicht gibt. Auch sie ist jedoch nicht durch eine echte Neuentwicklung von Farbstoffen, sondern nur durch die Einkreuzung des roten Kapuzenzeisigs aus Südamerika zustande gekommen.

Farbstoffausfälle sind nicht auf gefangene Tiere beschränkt: Sie treten gelegentlich auch in „freier Wildbahn" auf, und gerade beim Zebrafinken leiten sich viele der heutigen Farbzuchtrassen ursprünglich von aberrant gefärbten Wildfängen her (s. u.). Die Tatsache, daß derartige Farbabweichungen in Gefangenschaft jedoch sehr viel häufiger sind als im Freien, beruht natürlich in erster Linie darauf, daß eine auffällige Färbung in Freiheit besonders gefährlich ist und ihr Träger rasch Greifvögeln und anderen Räubern zum Opfer fällt, während in der Obhut des Menschen gerade die ausgefallenen Färbungen wegen ihres Seltenheitswertes besonders sorgfältig gehalten und weitergezüchtet werden und sich dadurch erhalten und ausbreiten können. Die Frage, ob Auftreten und Erhaltenbleiben ausgefallener Farbschläge in Gefangenschaft ausschließlich auf diese Weise zu erklären sind oder ob es als Folge der unnatürlichen Lebensbedingungen zusätzlich auch zu einer Häufung der Mutationen selbst, d. h. der spontanen Änderungen des Erbgutes, kommt, ist noch nicht endgültig geklärt (vgl. S. 90).

Die älteste Farbzuchtrasse ist wahrscheinlich der Weiße Zebrafink, der erstmals im Jahre 1921 bei einem Züchter in Sydney auftauchte und von einem anderen Züchter übernommen und bereits in mehreren hundert Exemplaren nachgezüchtet wurde. Ende der zwanziger oder Anfang der dreißiger Jahre wurden die weißen Zebrafinken auch nach Deutschland importiert, wo sie erstmals von Walter Voigt in Jena gezüchtet wurden. Es handelt sich bei ihnen um eine sogenannte leuzistische Mutante, bei der die Gefiederfarbstoffe vollständig verschwunden sind, während in der Iris des Auges – im Gegensatz zum echten Albino – noch Farbstoffe eingelagert werden (s. o.). Allerdings zeigen auch viele „weiße" Zebrafinken auf dem Rücken oder Kopf einen mehr oder minder starken grauen Anflug, der namentlich bei Jungvögeln, gelegentlich aber auch noch nach der Jugendmauser, auftritt, im Alter aber häufig verschwindet. Auch hier sollte der auf die Farbenzucht spezialisierte Züchter auf möglichste Reinheit achten und alle Tiere, bei denen die grauen Federn nach der zweiten Körpermauser noch nicht völlig verschwunden sind, nicht mehr zur Weiterzucht verwenden.

Verhältnismäßig früh trat auch der heute in verschiedenen Farbabstufungen bekannte Silberfarbene Zebrafink auf, bei dem alle grauen Federpartien des Wildvogels zu einem mehr oder minder reinen Silbergrau aufgehellt sind. Diese Mutation stammt ebenfalls aus Australien, doch ist hier im Gegensatz zum Weißen Zebrafinken nicht mehr bekannt, wann und durch wen sie zum erstenmal gezüchtet worden ist. Bei der hellsten Form haben sich zusätzlich auch die Flankenzeichnung und die Wangenflecke des Männchens aufgehellt und können nahezu weiß gefärbt sein. Bei den dunkleren Formen dagegen entsprechen sie in ihrer Färbung noch weitgehend der Wildform. Für die Farbenzucht ist bei dieser Zuchtrasse darauf zu achten, daß alle bräunlichen Töne im Gefieder durch geeignete Zuchtwahl völlig ausgeschaltet werden. Sehr ähnlich gefärbt ist der von Prof. Steiner (Gef. Welt 1958) beschriebene „Hellrücken-Zebrafink". Auch diese Form zeichnet sich durch einen silbrigen Grundton in der Gefiederfarbe aus, doch weist sie insgesamt eine etwas bräunlichere Tönung auf als der echte Silber-Zebrafink. Außerdem unterscheidet sie sich grundsätzlich in ihrem Erbgang (s. u.).

Während der Silber-Zebrafink dadurch entstanden ist, daß die dunkelbraunen Pigmente (Phäomelanine) fast völlig verschwunden sind und die Farbe des Gefieders daher nur noch durch die – in der Aufhellung grau erscheinenden – schwarzen Pigmente (Eumelanine) bestimmt wird, stellt der Zimt-Zebrafink die umgekehrte Mutation dar: Ihm fehlen die ganz schwarzen Farbstoffe, während die braunen voll erhalten sind. Diese Mutation trat nicht in Gefangenschaft auf. Ihr Ausgangspunkt sind vielmehr zimtfarbene Wildfänge, die in Australien planmäßig weitergezüchtet wurden. Nach Europa gelangten sie erstmals im Jahre 1946. Die Tiere wurden im deutschen Sprachgebrauch auch als rehbraun, braun oder isabell bezeichnet, was teilweise zu Verwechslungen und Irrtümern Anlaß gegeben hat. Im Sinne einer einheitlichen Bezeichnung aller Zuchtrassen sollte daher nur noch der Name Zimt-Zebrafink benutzt werden. Auch diese Zuchtrasse gibt es in mehreren Farbabstufungen: In der sogenannten dunklen Phase ist das Gefieder überwiegend zimtbraun, in der hellen Phase mittel- bis hellbraun. Eine Kombination von Silber und Zimt ergibt die Creme-Zebrafinken, bei denen alle Farbstoffe etwas aufgehellt sind und die dementsprechend auf zart silbergrauer Grundfarbe einen schwach-bräunlichen Anflug zeigen. Ihren Ausgangsformen entsprechend kennt man auch von den Creme-Zebrafinken mehrere Helligkeitsphasen.

Eine Mutation, die sich in erster Linie auf die Farbstoffverteilung bezieht, ist der Weißbauch-Zebrafink, der heute allgemein mit dem sehr unschönen Namen Pinguin-Zebrafink bezeichnet wird. Bei ihm dehnt sich das Weiß der Körperunterseite weiter nach oben aus, wodurch die Brustzeichnung des Männchens verloren geht und auch die Wangen des Weibchens fast weiß gefärbt sind. Die Wangenflecke und die Flankenzeichnung des Männchens sind dagegen normal ausgebildet, und auch die Farbe des Rückengefieders entspricht annähernd dem Wildvogel, tendiert allerdings mitunter etwas mehr ins Bläuliche. Da dieses Muster der Farbstoffverteilung natürlich prinzipiell von der Art der Färbung unabhängig ist, tritt es auch bei den anderen bisher beschriebenen Farbzuchtrassen auf und wird dann als „Zimt-Pinguin" usw. bezeichnet. Auch diese Mutation wurde zuerst in Australien gezüchtet und kam Anfang der 50er Jahre zunächst nach Belgien.

Einer der schönsten Farbschläge ist der Masken- oder Marmoset-Zebrafink. Es handelt sich im Idealfall um reinweiße Tiere, bei denen aber die typischen Abzeichen des wildfarbenen Vogels erhalten geblieben sind, d. h. Zebrazeichnung, Wangenflecke und Flankenzeichnung des Männchens sowie Augenstreifen und Schwanzdeckenbänderung beider Geschlechter. Eine derartige Zeichnung ist jedoch bisher nur in relativ wenigen Fällen erreicht worden, zumeist sind die Zeichnungsmerkmale noch mehr oder minder stark verwaschen und in ihrer Farbintensität nicht so kräftig wie bei der Wildform. Diese Mutation, die früher als „Weiße mit Geisterzeichnung" bezeichnet wurde, stammt ebenfalls von Wildfängen ab. Sie wurde in Australien schon 1937 gezüchtet, gelangte aber erst 1953 nach England und etwas später nach Mitteleuropa.

Wie beim Pinguin-Zebrafinken, so handelt es sich auch bei der nächsten Mutation, den Schecken, lediglich um eine Änderung in der Verteilung der Farbstoffe. Schecken-Zebrafinken zeichnen sich durch mehr oder minder große weiße Flecke aus, die über den ganzen Körper verteilt sein können. Sie wurden Anfang der 30er Jahre in Dänemark gezüchtet und wurden deshalb zuerst als „Dänische Schecken" bezeichnet, ein Name, der später wegen der möglichen Verwechslung mit der gleichnamigen Zuchtform des Wellensittichs wieder aufgegeben wurde. Natürlich gibt es bei den Schecken alle Übergänge von fast völlig weißen Tieren mit nur einzelnen grauen Federn bis zu wildfarbenen Individuen mit kleinen weißen Flecken. Am ansprechendsten sind diejenigen Tiere, bei denen die normal gefärbten und weißen Gefiederpartien annähernd gleich weit verbreitet sind. Eine solche Verteilung wird auch vom Ausstellungsstandard der meisten Länder angestrebt.

Eine letzte Mutation schließlich bezieht sich nur auf die Schnabelfarbe: Bei den Gelbschnäbligen Zebrafinken ist der Schnabel wesentlich heller gefärbt als beim Wildvogel, ist jedoch nur in den seltensten Fällen tatsächlich reingelb. Allerdings gibt es gerade in der Schnabelfarbe bei domestizierten Tieren alle nur erdenklichen Abstufungen vom tiefen Korallenrot bis zum blassen Hellrot, so daß die Grenze zu den als „gelbschnäblig" bezeichneten Exemplaren nicht immer ganz scharf zu ziehen ist. Auch diese Mutation ist prinzipiell wieder bei allen Farbzuchtrassen möglich, es gibt also auch „Gelbschnäblige Zimt-Zebrafinken“ usw. Allerdings sind die Gelbschnäbel im Gegensatz zu den übrigen Mutationen niemals sehr häufig gewesen und offenbar nur ganz selten planmäßig gezüchtet worden. Eine ausführliche Beschreibung aller Zuchtrassen des Zebrafinken und Anweisungen für deren Züchtung und für das Ausstellungswesen gibt Radtke (Sonderheft der Gefiederten Welt 1967).

Mehrfach sind in der Literatur auch „Schwarze Zebrafinken“ erwähnt und als neue Mutation hingestellt worden. Bei ihnen sind kleinere oder größere Gefiederpartien schwarz gefärbt, und zwar vorzugsweise die beim normalfarbenen Tier weißen Federn, d. h. die Gesichtszeichnung und die Körperunterseite (Abb. 19). Allen anderslautenden Berichten zum Trotz handelt es sich hier jedoch nicht um eine erbliche Änderung (Mutation), sondern lediglich um eine Modifikation, d. h. eine vorübergehende Änderung, die bei der nächsten Mauser wieder verloren gehen kann. Die Schwarzfärbung des Gefieders stellt eine ausgesprochene Mangelerscheinung dar, die auch von anderen Vogelarten (z. B. Tigerfinken, Dompfaffen) bekannt ist und die wahrscheinlich auf unzureichende Vitamin-D-Gaben oder auf fehlendes Sonnenlicht zurückzuführen ist (Steiner 1958). Deshalb stammten auch so gut wie alle schwarzen Zebrafinken, die bisher bekannt geworden sind, von Züchtern, die ihre Tiere nicht richtig ernährten und unterbrachten. Setzt man solche Tiere in einen hellen Raum und gibt ihnen eine vitaminreiche Kost, so färben sie sich schon bei der nächsten Mauser wieder weitgehend um, und spätestens nach dem zweiten Federwechsel ist die schwarze Färbung restlos verschwunden.

2.4. Die Vererbung der Farben

Die Vererbung der Farben wurde namentlich von C. af Enehjelm untersucht und mehrfach dargestellt (Gef. Welt 1954, Foreign Birds 1956, Sonderheft der Gef. Welt 1967; dort sind weitere Einzelheiten nachzulesen). Die meisten Mutationen erweisen sich gegenüber der Wildfarbe als rezessiv. Dominant sind Silber-Zebrafinken und möglicherweise auch Schecken, deren Erbgang noch nicht in allen Einzelheiten bekannt ist. Geschlechtsgebunden vererben Zimt, Marmoset und Hellrücken.

Die wichtigsten Paarungsergebnisse der dominanten Farbe Silber lauten nach af Enehjelm (reinerbige Silber-Zebrafinken werden mit „Silber“, spalterbige in die Wildfarbe mit „Silber/wildfarben“ bezeichnet):

1. Silber × Silber ergibt 100 % Silber
2. Silber × Silber/Wildfarben ergibt 50 % Silber, 50 % Silber/Wildfarben
3. Silber/Wildfarben × Silber/Wildfarben ergibt 25 % Silber, 25 % Wildfarben, 50 % Silber/Wildfarben

4. Silber × Wildfarben ergibt 100 % Silber/Wildfarben
5. Silber/Wildfarben × Wildfarben ergibt 50 % Wildfarben, 50 % Silber/Wildfarben.

In der Färbung sind reinerbige und spalterbige Silber offensichtlich nicht zu unterscheiden. Über die Paarungsergebnisse der verschiedenen Farbnuancen der Silberfarbenen Zebrafinken (s. o.) untereinander liegen noch nicht genügend Beobachtungen vor, so daß allgemeingültige Schlußfolgerungen nicht möglich sind.

Die rezessiven Farben Weiß und Pinguin zeigen nach af Enehjelm folgenden Erbgang (dargestellt am Beispiel von Weiß; wildfarbene Vögel, die spalterbig in Weiß sind, werden als Wildfarben/Weiß bezeichnet):

1. Weiß × Weiß ergibt 100 % Weiß
2. Weiß × Wildfarben ergibt 100 % Wildfarben/Weiß
3. Weiß × Wildfarben/Weiß ergibt 50 % Weiß und 50 % Wildfarben/Weiß
4. Wildfarben/Weiß × Wildfarben/Weiß ergibt 50 % Wildfarben/Weiß, 25 % Wildfarben, 25 % Weiß
5. Wildfarben/Weiß × Wildfarben ergibt 50 % Wildfarben/Weiß und 50 % Wildfarben.

Bei den geschlechtsgebunden vererbenden Farben liegen die Erbfaktoren für die Farbstoffausbildung auf den Geschlechtschromosomen, die beim Weibchen jedoch nur in Einzahl vorhanden sind. Aus diesem Grund kann ein Weibchen jeweils nur ein Farbgen besitzen (und deshalb niemals spalterbig sein), während ein Männchen 2 Farbgene aufweist und deshalb z. B. entweder reinerbig zimtfarben (wenn beide Gene den Zimtfaktor tragen) oder Wildfarben/spalterbig in Zimtfarben ist, wenn es nur ein „Zimt-Gen“ (das stets rezessiv ist, s. o.) besitzt. Daraus wiederum folgt, daß das Zimt-Männchen seine Farben sichtbar nur an die Töchter überträgt (die Söhne sind nur spalterbig in Zimt), während das Weibchen an die Töchter gar nicht und an die Söhne ebenfalls nur verdeckt vererbt. Die wichtigsten Paarungen sind nach af Enehjelm (wildfarbene Tiere, die spalterbig in Zimt sind, werden als Wildfarben/Zimt bezeichnet):

1. Zimt-♂ × Zimt-♀ ergibt Zimt-♂♂ und Zimt-♀♀
2. Zimt-♂ × wildfarbenes ♀ ergibt Wildfarben/Zimt-♂♂ und Zimt-♀♀
3. Wildfarbenes ♂ × Zimt-♀ ergibt Wildfarben/Zimt-♂♂ und wildfarbene ♀♀
4. Wildfarben/Zimt-♂ × Zimt-♀ ergibt Zimt-♂♂ und Zimt-♀♀, Wildfarben/Zimt-♂♂ und wildfarbene ♀♀
5. Wildfarben/Zimt-♂ × wildfarbenes ♀ ergibt Wildfarben/Zimt-♂♂ und wildfarbene ♂♂, Zimt-♀♀ und wildfarbene ♀♀.

Die gleichen Paarungstypen treten bei Marmoset und Hellrücken auf. Die in ihrem Erscheinungsbild sehr ähnlichen Farbschläge Silber und Hellrücken (s. o.) zeichnen sich also durch einen sehr verschiedenen Erbgang aus.

2.5. Unterbringung

Zebrafinken stellen keine besonderen Ansprüche an ihre Unterbringung. Sie können sowohl im Käfig als auch in der Gemeinschaftsvoliere gehalten werden. Auch die Zucht gelingt im allgemeinen im Käfig genausogut wie im Flugraum, und für eine kontrollierte Farbenzucht stellt die Käfighaltung sogar die einzige Möglichkeit dar. Ein Brutkäfig sollte stets mindestens 1 m lang und 50 cm hoch und breit sein, um dem Paar genügend Bewegungsmöglichkeiten zu geben. Einzelvögel können natürlich auch in kleineren Käfigen gehalten werden, doch leidet unterhalb von einer Mindestlänge von etwa 50 cm im allgemeinen die Bewegungsfreudigkeit, und die Tiere werden träge und langweilig. Die Käfige müssen zumindest eine größere Tür haben, durch die auch Badegefäße in den Käfig hineingestellt werden können. Sie müssen ferner mit einer ausreichend großen Öffnung ausgestattet sein, an die das Nest angehängt werden kann, weil eine Außenanbringung des Nestes sich meistens als vorteilhaft erweist (S. 76). Wichtig ist auch die Ausstattung mit Sitzmöglichkeiten. Die im Handel erhältlichen Käfige sind meistens mit Sitzstangen versehen, die für einen Vogel von der Größe des Zebrafinken viel zu dick sind. Außerdem haben sie oft eine glatt polierte Oberfläche. Beides kann zu übermäßigem Krallenwachstum und zu Fußkrankheiten führen. Es empfiehlt sich daher, jeweils Sitzstangen verschiedener Dicke zu benutzen, wodurch die Bein- und Fußmuskulatur des Tieres gestärkt wird. Besonders günstig sind Naturäste mit rauher Rinde, die außerdem den Vorteil haben, daß sie besser federn als eine Sitzstange.

Wer auf eine möglichst natürliche Unterbringung seiner Zebrafinken Wert legt, um deren Verhalten studieren zu können, dem sei die Haltung in größeren Flugräumen empfohlen. Dort haben die Tiere natürlich eine viel größere Bewegungsmöglichkeit und zeigen ein vielfältigeres Inventar von Verhaltensweisen als im einfachen Käfig. Bei der Gemeinschaftshaltung treten dazu noch die vielen sozialen Beziehungen, die sich in den höchstentwickelten und interessantesten Verhaltensweisen äußern und die man bei Einzelkäfigen selten oder niemals beobachten kann.

Allerdings sind nicht alle Zebrafinken für die Gemeinschaftsvoliere geeignet: Trotz ihres großen Geselligkeitsbedürfnisses sind die Tiere – namentlich zur Fortpflanzungszeit – gegenüber ihresgleichen oft sehr angriffslustig und können schwächere Artgenossen mitunter buchstäblich zu Tode jagen. Diese Eigenschaft zeichnet übrigens sehr viele der in Freiheit gesellig lebenden Vogelarten aus und hat schon häufig zu Verlusten und Enttäuschungen geführt. Es ist eben ein Unterschied, ob eine Gruppe in Freiheit freiwillig zusammenhält, wobei sich die Tiere notfalls räumlich ausweichen und auch die Zusammensetzung ihrer Gruppe beeinflussen können, oder ob sie in Gefangenschaft zu einem Zusammenleben auf engstem Raum gezwungen werden. Auch gegenüber anderen Prachtfinkenarten können sich Zebrafinken als Störenfriede erweisen. Jede Volierenhaltung erfordert daher zunächst eine farbige Beringung der Tiere, damit man jedes einzelne Individuum sofort erkennen kann, und dann eine sehr genaue Beobachtung von seiten des Züchters, der eventuelle Raufbolde sofort herausfangen muß. Mit diesen Vorsichtsmaßnahmen wird man jedoch bald eine friedliche Zebrafinkenschar zusammenstellen können, in der es keine größeren Streitigkeiten gibt. Die Zahl der Brutpaare, die man zusammenhalten kann, hängt natürlich – genau wie Zahl und Art der übrigen Prachtfinken, mit denen man die Tiere möglicherweise vergesellschaftet – in erster Linie von der Größe des Flugraumes ab. Im allgemeinen rechnet man pro Paar etwa 1 m^3 Rauminhalt. Das ist aber nur ein Durchschnittsmaß, das je nach der Inneneinrichtung noch variieren kann: Je mehr Versteckmöglichkeiten in Gestalt von dichten Büschen und Sträuchern oder dicht bepflanzten bzw. mit Ästen besteckten Winkeln vorhanden sind, desto mehr Tiere wird man im allgemeinen halten können. Wichtig ist es außerdem, daß stets etwa doppelt so viele Nistmöglichkeiten (S. 76) vorhanden sind, wie sich Paare in der Voliere befinden, weil es sonst unweigerlich zu Streitigkeiten um die Nester als Schlaf- oder Brutstätten kommen muß. Im Käfig ist es – zumindest zur Brutzeit – im allgemeinen nicht möglich, mehrere Paare zusammenzuhalten.

Sehr verschiedene Meinungen herrschen über die Temperaturen, bei denen man Zebrafinken halten soll. Über die Temperaturtoleranz in Freiheit wurde bereits berichtet (S. 43). Dabei wurde gezeigt, daß der Zebrafink in erster Linie ein tropischer und subtropischer Vogel ist, der nur im Süden seines Verbreitungsgebietes gelegentlich Temperaturen unter dem Gefrierpunkt ausgesetzt ist, der aber stets in wärmere Gebiete abwandert, sobald solche Kältegrade längere Zeit anhalten. Als untere Temperaturgrenze für ein dauerhaftes Verbleiben in einem Gebiet wurden mittlere Tagestemperaturen von etwa +6 °C zur Nichtbrutzeit und +12 °C zur Brutzeit ermittelt. Diese Werte sind aber für gefangene Zebrafinken entschieden zu niedrig. Man muß hinsichtlich der Temperaturansprüche der Gefangenschaftstiere nämlich folgendes bedenken: Zum einen ist nur ein verschwindend geringer Prozentsatz der freilebenden Zebrafinken jemals derart tiefen Temperaturen ausgesetzt. Im größten Teil des Verbreitungsgebietes liegen die Temperaturen vielmehr ganzjährig sehr viel höher: Die nordaustralischen Zebrafinken erleben im Sommer regelmäßig Schattentemperaturen von 40 °C und mehr, und selbst in der kühleren Jahreszeit liegen die Temperaturen tagsüber bei 25 °C und sinken auch nachts selten einmal unter +15 °C ab. Es ist sehr gut möglich, daß hinsichtlich der Temperaturtoleranz beim Zebrafinken geographische Unterschiede bestehen und daß die nordaustralischen Tiere gar nicht dieselbe Kälte vertragen könnten wie ihre südaustralischen Artgenossen. Nun stammen aber die aus Australien importierten Prachtfinken und damit auch die Vorfahren der heute in Europa gehaltenen Zebrafinken so gut wie ausschließlich aus den Kimberleys im Nordwesten Australiens und damit ausgerechnet aus der heißesten Gegend des Erdteils und einem der heißesten Klimagebiete der Erde überhaupt. Zum anderen ist es natürlich ein Unterschied, ob ein Vogel sich völlig frei bewegen und gegebenenfalls geschützte Stellen aufsuchen kann oder ob seine Bewegungsfreiheit im Käfig oder in der Voliere stark eingeschränkt ist. Die Kälteresistenz ist im letzteren Falle selbstverständlich wesentlich geringer.

Aus diesen Tatsachen wird jeder einsichtige Volierenliebhaber ohne weiteres sofort einsehen, daß auch Zebrafinken stets eine bestimmte Mindesttemperatur benötigen, die man für die Nichtbrutzeit mit 10 bis 12 °C und für die Brutzeit mit 15 °C angeben kann. Deshalb müssen die Tiere zumindest in einem temperierten Raum überwintern. Feuchte Kälte ist in jedem Fall zu vermeiden. Diese Ratschläge stehen bewußt im Widerspruch zu Beschreibungen, die hin und wieder auftauchen und von einer „erfolgreichen" Überwinterung im Freien oder im ungeheizten Raum berichten. Bei dieser Methode treten nämlich trotz aller gegenteiligen Beteuerungen immer wieder größere Verluste, vor allem unter den Weibchen, auf. Außerdem besteht natürlich ein Unterschied zwischen Temperaturen, die die Tiere gerade noch überleben, und solchen, bei denen sie sich wirklich wohlfühlen.

Hinsichtlich der Luftfeuchtigkeit stellt der Zebrafink sehr geringe Ansprüche, weil er in seiner natürlichen Heimat sehr großen Schwankungen ausgesetzt sein kann: Zur Trockenzeit kann die Luftfeuchtigkeit in Australien am Tage auf weniger als 10 % absinken, während sie andererseits in den Nacht- und Morgenstunden und vor allem während der Regenzeit ganz beträchtlich ansteigen und Werte um 90 % erreichen kann. Außerhalb der Brutzeit braucht man auf die Luftfeuchtigkeit also praktisch nicht zu achten. Etwas anders ist es zur Brutzeit: Es hat sich gezeigt, daß unterhalb einer Luftfeuchtigkeit von etwa 40 % die Schlupfergebnisse sich rapide verschlechtern und die Embryonen vielfach im Ei oder beim Schlüpfen absterben. Sollten solche Ausfälle auftreten, so empfiehlt es sich auf jeden Fall, die Luftfeuchtigkeit zu kontrollieren und notfalls durch das Aufstellen von offenen Wassergefäßen oder Feuchtigkeitsspendern (Sprühapparaten) künstlich zu steigern.

2.6. Fütterung

In bezug auf seine Ernährung ist der Zebrafink außerordentlich genügsam und kann wochenlang allein mit dem handelsüblichen Hirsegemisch auskommen. Das sollte jedoch nicht dazu verleiten, sich ganz auf eine derart abwechslungslose Fütterung zu beschränken. Wir müssen uns immer vor Augen halten, daß Zebrafinken in Freiheit nach

Möglichkeit von halbreifen Grassamen leben und zusätzlich zarte Grasspitzen und Insekten aufnehmen. Nur in den trockensten Monaten stehen ihnen auch in Freiheit nur trockene Sämereien zur Verfügung, aber selbst dann finden sie hin und wieder (z. B. am Ufer von Wasserstellen) noch etwas Grün. Deshalb ist für eine dauerhafte Gesunderhaltung auch in Gefangenschaft eine abwechslungsreiche Kost Voraussetzung, und das Hirsegemisch darf stets nur als Grundfutter angesehen werden. Im Sommerhalbjahr sollen daneben soviel halbreife Sämereien wie irgend möglich gereicht werden, in erster Linie Vogelmiere, Einjähriges Rispengras *(Poa annua)*, Raygras, Hirtentäschelkraut, Kreuzkraut, Löwenzahn, Vogelknöterich und Wegerich. Im Winter muß für die fehlenden Grassamen unbedingt ein Ersatz geschaffen werden. Das geschieht am besten durch angekeimte Kolbenhirse, die man täglich frisch reicht. Zusätzlich kann man dem Trinkwasser 1- bis 2mal wöchentlich einige Tropfen eines Vitaminpräparates und dem Futter ebensooft etwas Lebertran zusetzen. Salat und Spinat können ebenfalls gereicht werden, bilden aber nur einen sehr unvollkommenen Ersatz für halbreife oder angekeimte Sämereien.

Das notwendige tierische Eiweiß kann in Gestalt von frischem Eifutter (hartgekochtes Ei mit etwas Zwieback oder geriebenen Semmeln vermengt) geboten werden, das in der Regel von allen Tieren gern angenommen wird. Auch frische Ameisenpuppen werden häufig genommen, während die Tiere Mehlwürmer und andere Insekten in der Regel nicht anrühren. Grünfutter und animalische Nahrung sind natürlich während der Brutzeit besonders wichtig und für die Aufzucht von Jungvögeln eine nahezu unabdingbare Voraussetzung. Viele Züchter versuchen zwar, Zebrafinken allein mit Biskuit oder in Milch geweichter Semmel oder gar nur mit Hirse aufzuziehen und haben gelegentlich damit sogar scheinbar Erfolg. In der Regel werden die Jungen aber von den Eltern nicht oder nur schlecht gefüttert, sofern kein wirklich geeignetes Aufzuchtfutter zur Verfügung steht, wodurch die Verlustrate außerordentlich hoch ist. Selbst wenn die Jungen aufgezogen werden, sind sie jedoch nicht so kräftig und erweisen sich später als weit weniger gute Zuchttiere als Zebrafinken, die in ihrer Jugend reichlich mit tierischem Eiweiß und Vitaminen versorgt wurden.

Zur richtigen Fütterung gehören schließlich auch regelmäßige Gaben von Kalk. Man kann eines der handelsüblichen Kalkpräparate reichen, die vielfach noch mit Vitaminen angereichert sind, doch genügen normalerweise auch zerstoßene Eierschalen. Um Infektionen zu vermeiden, dürfen allerdings nur Schalen von gekochten Eiern gereicht bzw. müssen die Schalen nachträglich abgekocht werden. Besonders zur Brutzeit muß man sehr genau darauf achten, daß den Tieren wirklich immer Kalk zur Verfügung steht, weil anderenfalls das Weibchen leicht unter Legenot leidet.

Zebrafinken baden gern und ausgiebig. Sie brauchen daher stets große flache Wasserschalen mit frischem Wasser. An den Käfig gehängte Badehäuschen, wie sie für andere Käfigvögel im Gebrauch sind, werden allerdings in der Regel nicht angenommen. Weitere Angaben über Haltung und Ernährung des Zebrafinken finden sich u. a. bei Radtke (Gef. Welt 1958, Sonderheft der Gef. Welt 1967); af Enehjelm (Sonderheft der Gef. Welt 1967), Michaelis (Falke 1962).

2.7. Zucht

Zebrafinken sind im allgemeinen sehr gute und genügsame Zuchtvögel, die selbst im Käfig rasch zur Brut schreiten. Mit wenigen Ausnahmen (die oft auf eine unzureichende Ernährung während der eigenen Nestlingszeit zurückgehen, s. o.) beginnt jedes Paar innerhalb kurzer Zeit zu brüten, sobald man es zusammensetzt bzw. mit Nistmöglichkeiten und Baumaterial versorgt. Das Problem besteht bei dieser Art sogar oftmals darin, wie man ein zu häufiges Brüten und damit eine Schwächung der Tiere verhindern kann. Die meisten Paare machen eine Brut nach der anderen und hören erst dann auf, wenn man sämtliche Nester entfernt. So zog ein Paar bei Meyer (Gef. Welt 1956) in 17 Monaten 12 Bruten mit insgesamt 56 Jungen auf, und Dr. Serventy in Perth/Westaustralien erwähnt sogar die Aufzucht von 13 Bruten ohne jede Unterbrechung. Die Folge der ununterbrochenen Brutaktivität ist jedoch fast immer, daß das Weibchen früher oder später buchstäblich an Erschöpfung eingeht und daß vor allem die Jungtiere mit jeder Brut schwächer werden und schließlich für die Weiterzucht nicht mehr geeignet sind. Deshalb sollte man auch beim Zebrafinken – genau wie bei allen übrigen Zuchtvögeln – niemals mehr als allerhöchstens 4 (besser nur 3) Bruten zulassen. Wenn auf besonders kräftige Tiere (etwa für Ausstellungszwecke oder bei der Zucht neuer und wertvoller Farbschläge) Wert gelegt wird, dann wird es sich sogar als günstig erweisen, immer nur zwei Bruten pro Jahr zuzulassen. In Holland dürfen Ausstellungstiere nach Heijlen (1957) ohnehin nur zwei Bruten nacheinander machen.

Ein schwieriges Problem besteht allerdings darin, wie man die Tiere von weiteren Bruten abhalten kann. In der Regel hilft hier nur ein völliges Entfernen aller Nistkästen und Baustoffe, obwohl man die Tiere, die obligatorische Nestschläfer sind (S. 31), damit zwingen muß, auf Zweigen zu übernachten. Als noch günstiger erweist es sich, die Geschlechter außerhalb der Brutzeit völlig voneinander zu trennen und nach Möglichkeit sogar in verschiedenen Räumen unterzubringen, damit auch der Rufkontakt unterbrochen wird und die Tiere sich gegenseitig nicht mehr anregen können. In diesem Falle können die Männchen auch außerhalb der Brutzeit Schlafnester erhalten. Bei den Weibchen ist das in den meisten Fällen nicht möglich, weil sie sonst auch ohne die Anwesenheit von Männchen bald wieder zu legen beginnen. Das Fehlen von Schlafnestern hat allerdings seinerseits wieder zur Folge, daß die Tiere in kalten Nächten besonders gefährdet sind und die Raumtemperatur daher immer einige Grade über dem auf S. 72 angegebenen zulässigen Minimum liegen sollte.

Um die günstigste Jahreszeit für die Brut hat es schon viele Diskussionen gegeben. Manche Züchter stehen auf dem Standpunkt, daß man den Zebrafinken als einen Bewohner der Südhalbkugel am besten im südlichen Frühjahr, d. h. in den Monaten August bis Oktober, zur Brut ansetzen sollte. Es wurde aber bereits erwähnt, daß die Art auch in Freiheit in den einzelnen Teilen ihres weiten Verbreitungsgebietes zu sehr verschiedenen Jahreszeiten brüten kann und daß es praktisch keinen einzigen Monat gibt, in dem nicht auch in Australien Zebrafinken brüten (S. 45). Außerdem wurde erwähnt, daß Zebrafinken in vielen Teilen ihres Verbreitungsgebietes in Anpassung an eine unregelmäßige jahreszeitliche Verteilung der Niederschläge ausgesprochene Opportunisten sind, die je nach den gerade herrschenden Lebensbedingungen zu sehr verschiedenen Zeiten mit der Brut beginnen können. Die Tiere haben also die Fähigkeit, sich in ihrer Fortpflanzungsperiodik rasch auf die Umweltverhältnisse einzustellen. Hieraus ergibt sich zwangsläufig die Folgerung, daß es im Hinblick auf die Herkunft des Zebrafinken gar keine Rolle spielt, wann man ihn zur Brut ansetzt. Man kann daher getrost die Jahreszeit auswählen, die bei uns die günstigsten Voraussetzungen bietet. Das sind natürlich die Frühjahrs- und Sommermonate, in denen durch Grünfutter und halbreife Sämereien die Ernährungsbedingungen am vorteilhaftesten sind. Züchtet man in Käfigen oder Innenvolieren, so kann man die Paare bereits im Februar oder März ansetzen. Bis die Jungen geschlüpft sind, findet man dann bereits das erste Grünfutter. In der Freivoliere sollte man jedoch in jedem Fall mit dem Anbringen von Nistkästen bis zum Mai warten, weil späte Nachtfröste sonst die Jungvögel gefährden könnten.

Zebrafinken bauen schon in Freiheit ihre Nester an sehr verschiedenen Stellen und sind in bezug auf den Nistplatz recht genügsam (S. 28 ff.). Diese Eigenschaft wirkt sich auch in Gefangenschaft sehr vorteilhaft aus, weil die Tiere normalerweise keine großen Ansprüche an die Nistgelegenheiten stellen. Allerdings bauen sie im Gegensatz zur Mehrzahl der Prachtfinken nur noch selten freistehende Nester, die dann in möglichst dichtem Gezweig eingeklemmt werden. In der Regel beziehen sie vorbereitete Nistkästen. Besonders beliebt sind Harzer Bauer, die mit dunklem Tuch umnäht oder mit Pappe umklebt sind und damit eine halbdunkle Nisthöhle vortäuschen. Man kann auch Holzkästen bieten, die an der Vorderseite zur Hälfte offen sind. Ihre Grundfläche muß mindestens 12×12 cm betragen. Gänzlich geschlossene Holzkästen mit einem runden Einflugloch werden dagegen nicht von allen Paaren angenommen. Auch die im Handel erhältlichen „Exotenkörbchen“ sind unbrauchbar, weil sie für Zebrafinken einfach zu klein sind.

In der Voliere muß man für jedes Paar mindestens zwei Nester anbringen, die – um eine echte Auswahlmöglichkeit zu schaffen – an sehr verschiedenen Stellen und in unterschiedlicher Höhe angebracht werden sollen. Bei Käfigzucht ist es vorteilhaft, die Nester von außen anzuhängen, weil man sie dann besser kontrollieren kann.

In keinem Fall darf man den Zebrafinken bereits ein völlig fertiges Nest bieten. Dadurch wären sie nämlich der Notwendigkeit enthoben, selbst ein Nest zu bauen, und damit würde die natürliche Folge der einzelnen Abschnitte des Brutzyklus (Bauen–Legen–Brüten–Füttern), von denen jeweils der vorausgegangene den nachfolgenden beeinflußt, gestört. Tiere, die nicht selbst gebaut haben, brüten und füttern auch oftmals sehr schlecht. Der Züchter darf daher die Nistkästen stets nur mit einer dünnen Unterlage von Nistmaterial auslegen, um den Tieren einen Anreiz zu geben. Das übrige Baumaterial muß auf den Käfig- oder Volierenboden gelegt werden, damit die Tiere zum selbständigen Eintragen gezwungen sind. Allerdings ist bei gefangenen Zebrafinken auch der Bautrieb sehr unterschiedlich entwickelt, und manche Paare bringen nur ein sehr klägliches Nest zustande.

In bezug auf das Baumaterial sind Zebrafinken ebenfalls nicht sehr anspruchsvoll. Sie verbauen trockenes und möglichst weiches Gras, Kokos- und Agavefasern und andere biegsame Stoffe. Fehlen geeignete Baustoffe, so tragen sie selbst Zweige oder Hirsekolben ein. Zur Polsterung der Nestmulde werden Haare und Federn bevorzugt. Dabei sollte man der schon aus der Freiheit bekannten Vorliebe des Zebrafinken für weißes Polstermaterial (S. 30) nach Möglichkeit Rechnung tragen.

Ein schwerwiegendes Problem stellt vielfach eine Eigenschaft gefangener Zebrafinken dar, die als eine typische Domestikationserscheinung angesehen werden muß (S. 87): In Freiheit bringt das Männchen während der ganzen Dauer der Brutzeit zur Ablösung gelegentlich einzelne Federn oder Halme mit und verbaut sie anschließend in der Nestwand. Außerdem wird das Nest auch nach dem Abschluß des Geleges vielfach noch weiter vervollständigt. In Gefangenschaft kann der Nestbautrieb so stark hypertrophieren, daß das Männchen während und nach der Eiablage mit unvermindertem Eifer weiterbaut. Die Folge ist dann, daß die Eier allmählich überbaut werden und dadurch verschwinden und das Weibchen nach einigen Tagen neu zu legen beginnt. Auf diese Weise entstehen die gefürchteten Schichtnester oder Sandwichgelege, aus denen natürlich niemals ein Jungvogel schlüpft. Bei Einzelhaltung im Käfig kann man dieses Übel dadurch abstellen, daß man sofort alles Nistmaterial entfernt, sobald das Weibchen zu legen begonnen hat. Man muß dann aber selbst das Grünfutter nur kleingeschnitten anbieten, weil das Männchen sonst unweigerlich auch Vogelmiere und Salatblätter ins Nest einträgt. In einer Gemeinschaftsvoliere ist die Situation viel schwieriger, weil eine Entfernung des Nistmaterials auch den Brutverlauf der übrigen Voliereninsassen beeinträchtigen kann. Selbst wenn man auch hier alles Baumaterial entfernt, wird diese Maßnahme jedoch nicht immer den gewünschten Erfolg bringen, weil das Männchen dann anfängt, andere Nester zu bestehlen. Vielfach kann man sich nicht anders helfen, als diejenigen Männchen, die sich durch einen besonders starken und dauerhaften Bautrieb auszeichnen, nicht mehr für die Zucht zu verwenden.

Das Gelege besteht normalerweise aus 4 bis 6, gelegentlich auch bis zu 9 Eiern. Bei Očko legte ein Paar sogar 10 Eier und zog alle Jungen erfolgreich auf (Schifter, Gef. Welt 1961). Die meisten Paare brüten zuverlässig und wechseln sich tagsüber regelmäßig ab. Nachts sitzen beide Partner im Nest. Manchmal ist allerdings der Bruttrieb so stark geworden, daß sich auch am Tage stundenweise beide Tiere im Nest aufhalten. Das geschieht in besonders starkem Maße an den Tagen, an denen die Jungen schlüpfen. Andererseits kann der Bruttrieb bei den beiden Partnern eines Paares auch sehr ungleichmäßig entwickelt sein. Dann sind die Pflichten im Gegensatz zum Wildvogel nicht mehr gleichmäßig verteilt, sondern ein Vogel brütet wesentlich mehr als der andere. Meistens ist es das Weibchen, das sich stärker um die Brut kümmert, doch kann auch der umgekehrte Fall eintreten. Im Extremfall kommt es so weit, daß praktisch nur noch einer das Gelege bebrütet und die Jungen aufzieht. Auch die jeweilige Brutperiode des Elternvogels, die in Freiheit annähernd 1,5 Stunden beträgt, kann in Gefangenschaft stärker variieren. Manche Paare lösen sich jeweils in Abständen von wenigen Minuten ab. Junge Paare brüten bei ihrer ersten Brut manchmal unregelmäßig und erfolglos, können sich aber später trotzdem zu guten Zuchtpaaren entwickeln.

Die meisten Zebrafinkenzüchter kontrollieren während der Brutzeit regelmäßig die Nester. Will man die Jungen mit geschlossenen Ringen versehen, wie es von vielen Organisationen für Ausstellungszwecke vorgeschrieben ist, so ist eine derartige Kontrolle sogar unbedingt erforderlich. Aber auch sonst kann sie dazu helfen, den Entwicklungsvorgang der Jungen zu verfolgen, die Füllung ihrer Kröpfe zu prüfen, um notfalls das Aufzuchtfutter zu ändern und auch sonst in mancher Weise regulierend in den Brutverlauf einzugreifen. Die meisten Paare nehmen Nestkontrollen keineswegs übel. Sollte ein Paar doch Unruhe zeigen oder sehr lange zögern, ehe es das Nest wieder betritt, dann muß man die Kontrollen allerdings sofort einstellen.

Auf die je nach den Außenbedingungen schwankende Entwicklungsdauer des Geleges wurde bereits hingewiesen (S. 34). Die normale Bebrütungsdauer beträgt auch in Gefangenschaft etwa 12 bis 16 Tage, doch kann es hier zu noch größeren Verschiebungen kommen: Nach C. A. Nicholls (mdl. Mitteilung) schlüpften in Perth/Westaustralien die Jungen von 2 Paaren, die sehr unregelmäßig brüteten, nach 19 bzw.

21 Tagen, und in einem Nest, das tagsüber fast niemals besetzt war und von den Eltern praktisch nur zum Übernachten benutzt wurde, sogar erst nach 26 Tagen.

Auch in der Fütterung und Aufzucht der Jungen treten normalerweise keine Schwierigkeiten auf. Allerdings kommt es während der ersten Lebenstage der Nestlinge manchmal zu Ausfallserscheinungen. Manche Paare – namentlich Erstbrüter – füttern ihre Jungen zuwenig oder gar nicht. Oftmals fehlt dann das richtige Aufzuchtfutter (S. 73), oder die Eltern wurden nicht frühzeitig genug an dessen Aufnahme gewöhnt. Gegen Ende der Nestlingszeit kann andererseits auch der Bruttrieb der Eltern schon wieder erwachen, die ihre Jungen dann vielfach vernachlässigen. In diesem Fall hilft in der Regel wiederum nur ein vorübergehendes Entfernen aller Baustoffe und der leerstehenden Nester. Manche Paare können allerdings – wie es gelegentlich auch in Freiheit vorkommt – zwei Bruten ineinander schachteln, o h n e daß es zu Störungen im Brutverlauf kommt. In diesem Fall füttert ein Elternteil die ausgeflogenen Jungen, während der andere das neue Gelege bebrütet.

Die Nestlingszeit schwankt in Gefangenschaft ebenfalls stärker als in Freiheit. Durch Störungen werden die Jungen gelegentlich schon mit 17 oder 18 Tagen erstmals zum Verlassen des Nestes veranlaßt, während eine unzureichende Ernährung andererseits das Ausfliegen weit über das normale Alter von 3 Wochen hinaus verzögern kann. Die Jungen übernachten auch nach dem Ausfliegen weiter im alten Brutnest und werden noch 10 bis 14 Tage von ihren Eltern gefüttert. Wenn die Altvögel schon vorher wieder mit einer neuen Brut beginnen, dulden sie die Jungvögel im allgemeinen nicht mehr in ihrem Nest. Dann ist es wichtig, daß in der Voliere noch leerstehende Nester vorhanden sind, in denen die Jungen übernachten können. Nach dem Selbständigwerden soll man sie bald von den Eltern trennen, weil es sonst zu Streitigkeiten kommt.

Infolge der fehlenden Nesthygiene sind die Nester am Ende einer Brut außerordentlich stark verschmutzt. Es empfiehlt sich daher, unmittelbar nach dem Ausfliegen der Jungen, d. h. vor dem Beginn der nächsten Eiablage, zumindest die oberste, am stärksten verschmutzte Schicht zu entfernen und notfalls durch frisches Material zu ersetzen. Für diesen Zweck sind die bereits erwähnten halboffenen Nistkästen am besten geeignet, weil man ihren Deckel so anbringen kann, daß er sich zur Nestreinigung leicht abheben läßt.

Die bereits für den Wildvogel erwähnte und durch Beispiele belegte sexuelle Frühreife des Zebrafinken (S. 38) tritt natürlich – möglicherweise sogar in noch stärkerem Maße – auch in Gefangenschaft auf. Die Tiere machen schon im Alter von 4 bis 5 Monaten die ersten Brutversuche, wenn man ihnen hierzu Gelegenheit gibt. Diese Tatsache darf jedoch nicht dazu verleiten, sie so frühzeitig zur Brut anzusetzen. Vielmehr sollte man auch bei Zebrafinken die erste Brut frühestens im Alter von 9 Monaten gestatten, weil die Tiere sonst unnötig geschwächt werden und außerdem nur schwächliche und kaum zuchtfähige Nachkommen erzeugen.

2.8. Bastarde

Infolge der „Hypersexualisierung" des Zebrafinken und seiner geringen Selektivität in der Auswahl des Kopulationspartners (S. 88 ff.) sind in Gemeinschaftskäfigen und -volieren – meist ungewollt – bereits so viele Zebrafinken-Bastarde gezogen worden, daß es wahrscheinlich nicht möglich ist, eine wirklich vollständige Liste zusammenzustellen. Aus der Literatur und aus den Berichten der Vogelliebhaber-Organisationen sind dem Verfasser folgende Bastarde bekannt:

Zebrafink ♂	× Ringelastrild *(Stizoptera bichenovii)* ♀ (Abb. 20 a)
Zebrafink ♂	× Spitzschwanzamadine *(Poephila acuticauda)* ♀
Zebrafink ♂	× Gürtelgrasfink *(Poephila cincta)* ♀
Zebrafink ♂	× Maskenamadine *(Poephila personata)* ♀
Zebrafink ♂	× Diamantfink *(Zonaeginthus guttatus)* ♀
Zebrafink ♂	× Binsenastrild *(Bathilda ruficauda)* ♀
Zebrafink ♂	× Zeresfink *(Aidemosyne modesta)* ♀
Zebrafink ♂	× Silberschnäbelchen *(Euodice cantans)* ♀
Zebrafink ♂	× Braunbrüstiger Schilffink *(Lonchura castaneothorax)* ♀
Zebrafink ♂	× Japanisches Mövchen *(Lonchura striata* var. *domestica)* ♀
Zebrafink ♂	× Schwarzkopfnonne *(Lonchura malacca atricapilla)* ♀
Zebrafink ♂	× Reisfink *(Padda oryzivora)* ♀
Ringelastrild ♂	× Zebrafink ♀
Spitzschwanzamadine ♂	× Zebrafink ♀
Gürtelgrasfink ♂	× Zebrafink ♀
Maskenamadine ♂	× Zebrafink ♀
Diamantfink ♂	× Zebrafink ♀
Binsenastrild ♂	× Zebrafink ♀
Zeresfink ♂	× Zebrafink ♀
Silberschnäbelchen ♂	× Zebrafink ♀
Braunbrüstiger Schilffink ♂	× Zebrafink ♀
Japanisches Möwchen ♂	× Zebrafink ♀ (Abb. 20 b)

Dreifarbennonne *(Lonchura malacca malacca)* ♂ × Zebrafink ♀.

Am häufigsten sind Bastarde mit dem nahe verwandten Ringelastrild und den drei Arten der Gattung *Poephila.* Leider sind sie aber – wie offenbar sämtliche Zebrafinken-Bastarde – unfruchtbar. Die Abkömmlinge mit dem Ringelastrild sind besonders ansprechend gezeichnet (Abb. 23). Sie ähneln in ihrer Stimme und in den Schwanzbewegungen mehr dem Ringelastrild und scheinen immer etwas kleiner zu sein als beide Elternarten. Eine besonders interessante Kreuzung gelang Langberg in Kopenhagen, der ein Zebrafinken-♂ mit einem Haubenmövchen-♀ verpaarte und einen Bastard mit Haube erzielte. Mövchen und Zebrafink stehen sich allerdings verwandtschaftlich schon so fern, daß nur noch ganz selten Bastarde erzielt werden. So waren von insgesamt 108 Eiern, die in unserem Institut von den Weibchen mehrerer Zebrafinken-Mövchen-Mischpaare gelegt wurden, genau 100 unbefruchtet. Bei vier Eiern starben die Embryonen schon sehr frühzeitig, bei einem weiteren Ei kurz vor dem Schlüpfen ab. Zwei Jungvögel schlüpften, gingen aber schon nach wenigen Tagen ein, obwohl sie von den Eltern gut gefüttert worden waren. Nur ein Bastard wurde selbständig und ist heute mehr als ein Jahr alt (Abb. 20 b).

3. Verhaltensforschung am Zebrafinken

Der Zebrafink erfreut sich heute nicht nur bei den Vogelliebhabern großer Beliebtheit, er hat sich vielmehr in den letzten Jahren darüber hinaus auch zu einem wichtigen Versuchstier für die wissenschaftliche Forschung entwickelt. Seine große Genügsamkeit, die hohe Vermehrungsrate und die schnelle Generationenfolge haben ihn gleichsam zu einer Art „weißer Ratte“ unter den Vögeln werden lassen. Vor allem für ethologische Fragestellungen, d. h. für Arbeiten auf dem Gebiet der Verhaltensforschung, haben sich Zebrafinken als in hervorragender Weise geeignet erwiesen. Außerdem werden sie inzwischen als beliebtes Demonstrationsobjekt auch in Schul- und Hochschulkursen eingesetzt, weil es mit ihnen in der Regel gelingt, bestimmte Verhaltensweisen auch in der völlig unnatürlichen Umgebung solcher Kurse mit einiger Sicherheit vorzuführen.

Nachfolgend soll anhand einzelner Beispiele gezeigt werden, welche Erkenntnisse die ethologische Forschung am Zebrafinken bisher erbracht hat.

3.1. Woran erkennen sich Zebrafinken?

Eine Vogelart, die sich durch eine so leuchtende Schnabelfarbe und derart prägnante Gefiederfarben auszeichnet wie der Zebrafink, reizt natürlich dazu, die Bedeutung jedes einzelnen dieser Merkmale für das gegenseitige Erkennen und die innerartliche Verständigung zu ergründen. Für experimentelle Untersuchungen zu dieser Frage ist der Zebrafink darüber hinaus auch insofern besonders gut geeignet, als sich bei ihm infolge verschiedener domestikationsbedingter Triebhypertrophien (S. **86** ff.) viele soziale Reaktionen auch im engen Käfig stets rasch und zuverlässig hervorrufen lassen. Im Zoologischen Institut der Universität

Zürich führte ich daher in den Jahren 1956 und 1957 derartige Versuche durch, die an anderer Stelle ausführlich beschrieben wurden (Immelmann 1959). Die experimentelle Grundlage bildete ein einfacher Zweifachwahlversuch, bei dem einem Zebrafinken jeweils zwei Artgenossen gegenübergestellt wurden, die sich in denjenigen Merkmalen voneinander unterschieden, deren Bedeutung geprüft werden sollte. Damit die Tiere bei Versuchsbeginn schon mit der Umgebung vertraut waren, wurden sie einige Zeit vorher in einen zweiteiligen Käfig gesetzt: In die eine Hälfte kam das Versuchstier, in die andere die beiden Objekte, auf die es getestet werden sollte. Sobald man die Trennwand herauszog, standen sich die Tiere unmittelbar gegenüber.

Als Testobjekte wurden vielfach Angehörige verschiedener Farbrassen benutzt, da sich diese häufig nur in einem oder wenigen Merkmalen voneinander unterscheiden (vgl. S. 65 ff.). Es wurden mitunter aber auch zwei Weiße Zebrafinken geboten, denen mit haltbaren Farben einzelne Farbmerkmale der Wildform aufgetragen worden waren. Schließlich wurde verschiedentlich auch die Schnabelfarbe lebender Zebrafinken künstlich verändert, wozu sich u. a. die Lippenstifte der Damen in besonders effektvoller Weise benutzen ließen! Um die Lautäußerungen und etwaige Verhaltensunterschiede zwischen den Testobjekten, die die Entscheidung des Versuchstieres in unkontrollierbarer Weise beeinflussen konnten, auszuschalten, wurden schließlich auch Attrappen verwendet. Sie wurden aus grauem und weißem Plastilin geformt, das in seiner Färbung genau dem wildfarbenen und weißen Zebrafinken entsprach, und mit kurzen Drähten auf den Sitzstangen des Versuchskäfigs befestigt. Mit Wasserfarbe konnte jeder Attrappe jedes beliebige Farb- und Zeichnungsmerkmal des Zebrafinken in naturgetreuer Weise aufgetragen werden. Als „Auge" erhielten sie schwarze Stecknadelköpfe.

Die Versuchstiere zeigten gegenüber den Testobjekten bestimmte Reaktionen. Sie balzten sie an, forderten sie zur Balz auf, setzten sich neben sie und kraulten sie im Gefieder (Abb. 21, 22, 23), sie griffen sie an oder flohen vor ihnen. In den meisten Versuchsreihen unterschieden sich dabei die Reaktionen auf die beiden Objekte in charakteristischer Weise, und aus diesen Differenzen ließ sich die Bedeutung des Merkmals ablesen, in dem sie sich voneinander unterschieden. Die Versuche wurden später teilweise auch in Australien fortgesetzt und durch Freilandbeobachtungen ergänzt. Insgesamt erbrachten sie folgende Ergebnisse:

Ein wichtiges Erkennungszeichen für Zebrafinken ist die rote Schnabelfarbe. Sie ermöglicht das Zusammenfinden auch über eine größere Entfernung und kann einen dauerhaften Zusammenhalt gewährleisten. Dabei wird sie selbstverständlich auch von den Lautäußerungen unterstützt, deren Bedeutung bereits erläutert wurde (S. 14 ff.). Auch die schwarz-weiße Gesichtszeichnung kann die Schnabelfarbe unterstreichen und insbesondere ihre Fernwirkung unterstützen.

Daneben hat die Kopfzeichnung für den in geschlossenen Nestern brütenden Zebrafinken noch eine weitere Bedeutung, indem sie es ermöglicht, daß ein Artgenosse auch dann einwandfrei erkannt wird, wenn nicht seine ganze Gestalt wahrgenommen werden kann. Dementsprechend ist die Wirkung der Gesichtszeichnung in der Nesthöhle besonders groß.

Der rote Schnabel spielt jedoch nicht nur für die innerartlichen Kommunikationen eine Rolle, er kann vielmehr auch die Grenzen der Art überspringen und zu einem wichtigen interspezifischen Signal werden: Außerhalb der Brutzeit schließen sich Zebrafinken häufig auch mit anderen Prachtfinkenarten zu gemischten Schwärmen zusammen. Ein solcher Zusammenschluß dient offenbar der besseren Ausnutzung lokal häufiger Nahrung. Da sich die einzelnen Arten in den Methoden der Nahrungsaufnahme unterscheiden und die eine nur lose Körner vom Boden aufnimmt, eine andere aber mehr die Grasstengel anfliegt und von dort die Ähren ausbeutet, machen sich die Mitglieder eines gemischten Schwarmes auf einer räumlich begrenzten Fläche — beispielsweise den letzten Grasbeständen an einer ausgetrockneten Wasserstelle — offenbar gegenseitig weniger Konkurrenz, als wenn eine gleich große Schar artgleicher Individuen dort einfallen würde.

Besonders ausgeprägt ist die Bildung zusammengesetzter Gruppen in Nordaustralien. Dort schließt sich der Zebrafink vorzugsweise mit dem Binsenastrild zusammen, d. h. mit derjenigen Art, die ihm in der Schnabelfarbe am meisten ähnelt und die Farbfläche durch die rote Gesichtsmaske sogar noch weiter vergrößert. Auch die gelbschnäblige Spitzschwanzamadine und die Maskenamadine sowie die einheitlich grauschnäbligen Schilffinkenarten bilden jeweils besonders eng zusammenhaltende Verbände, die auch gemeinsam umherwandern, während zwischen diesen Gruppen nur lockere Beziehungen bestehen. Es scheint also, daß hier die Schnabelfarbe jeweils auch zum Zusammenhalt der gemischten Schwärme beitragen kann (Immelmann **1962**).

Interessanterweise ergibt sich zur Brutzeit gerade das umgekehrte Bild. Die Schwärme lösen sich auf, und die einzelnen Arten verteilen sich auf sehr verschiedene Lebensräume. So brütet der Zebrafink in trockenen Strauchsteppen, der Binsenastrild dagegen in etwas feuchteren Gras- und Schilfflächen. Dafür brüten Ringelastrilde *(Stizoptera bichenovii)* und Spitzschwanzamadinen *(Poephila acuticauda)* im gleichen Biotop wie der Zebrafink. Sie zeichnen sich aber durch andere Schnabelfarben (Blaugrau bzw. Gelb) aus. (Nur im nördlichen Nordterritorium, wo der Zebrafink nicht mehr brütet — S. 45 —, hat die lokale Rasse der Spitzschwanzamadine einen roten Schnabel.) Offenbar wird zur Brutzeit demnach durch die verschiedenen Schnabelfarben ein zu enger Zusammenschluß vermieden und eine gewisse Isolierung jeder einzelnen Art gewährleistet.

Insgesamt scheint also die Schnabelfarbe bei nahezu allen nordaustralischen Prachtfinken eine sehr wichtige Rolle als intra- und interspezifisches Signal zu spielen, und es ist daher nicht verwunderlich, daß sich nahe verwandte Arten (z. B. die drei Arten der Gattung *Poephila*) und selbst verschiedene Rassen einer Art (z. B. *Poephila acuticauda)* häufig sehr drastisch in der Färbung ihres Schnabels unterscheiden. Wahrscheinlich waren die großflächigen Körnerfresserschnäbel der Prachtfinken auch geradezu dafür prädestiniert, leuchtende Farbmerkmale aufzunehmen.

Die weiße Bürzelfarbe hat offenbar eine weit geringere Bedeutung als der rote Schnabel. Sie ist für gewöhnlich von den Flügeln überdeckt, leuchtet aber beim Start des Vogels auf und stellt damit wahrscheinlich ein plötzlich sichtbar werdendes Signal zum Abflug dar. Daneben fördert sie sicher – gemeinsam mit den Lockrufen (S. 15) – den Zusammenhalt der Gruppe im Flug. – Die schwarz-weiße Schwanzbänderung tritt durch das Spreizen des Schwanzes auf der Nistplatzsuche besonders hervor (S. 27). Sie ist wahrscheinlich für den Partner, vor allem für das Weibchen, ein Signal zum Nachfolgen zu einem geeigneten Nistplatz oder in ein leerstehendes Nest oder eine Höhle.

Die Abzeichen des Männchenkleides, d. h. die gelblich kastanienbraunen Wangenflecke, die schwarz-weiße Brustzeichnung und die rötlich kastanienbraune Flankenzeichnung, dienen während der Balz als optische Auslöser für die sexuellen Triebhandlungen des Weibchens und unterstützen damit die Wirkung des Balztanzes und der Gesangsstrophe. Bei anderen Männchen aktivieren sie dagegen eine aggressive Stimmung, setzen damit etwaige sexuelle Antriebe unter Hemmung und verhindern ein gegenseitiges Anbalzen der Männchen. Das Prachtkleid des Männchens wendet sich also sowohl an das weibliche als auch an das männliche Geschlecht und hat hiermit eine wichtige Doppelfunktion zu erfüllen. Wie der Vergleich mit der weißen Farbmutation, der das Prachtkleid fehlt, zeigt, scheint seine Bedeutung für das Verhältnis der Männchen untereinander sogar größer zu sein als für die Stimulation des Weibchens.

Die Wirksamkeit der einzelnen Abzeichen des Männchens ist allerdings verschieden. Sie ist bei den Wangenflecken am größten und bei der Flankenzeichnung am geringsten. Ein Männchen bzw. eine Attrappe, die nur die Wangenflecke hat, wird also von den Weibchen viel stärker „begrüßt" und zur Balz aufgefordert und von den Männchen viel stärker gemieden als ein Objekt, das nur die Zebrastreifung der Brust zu „bieten" hat. Letzteres ist aber seinerseits wiederum einem Männchen oder einer Attrappe nur mit Flankenzeichnung überlegen. Die Wangenflecke wirken sogar allein schon fast genausostark wie alle Merkmale zusammen. Aus der Abstufung der Wirkungsweise kann entnommen werden, daß sich die einzelnen Abzeichen im Laufe der stammesgeschichtlichen Entwicklung des Prachtkleides zu verschiedenen Zeiten herausgebildet haben, wobei das heute wirksamste wohl zuletzt entstand und damit die bereits vorhandenen Merkmale zurückdrängte.

In diesem Zusammenhang ist es besonders interessant, daß bei der Nominatrasse des Zebrafinken *(Taeniopygia guttata guttata)* die Zebrastreifung der Brust fast völlig fehlt (S. 8). Diese Rasse ist mit Sicherheit von Australien aus auf die Kleinen Sundainseln vorgedrungen (Mayr 1944) und stellt daher wohl die stammesgeschichtlich jüngere Form dar, die eines der beiden älteren und nicht mehr sehr wirkungsvollen Merkmale des männlichen Prachtkleides bereits „abgelegt" hat. – Der Grund für die hohe Wirksamkeit der Wangenflecke ist leicht einzusehen: Sie liegen unmittelbar neben der Gesichtszeichnung und dem Schnabel, werden daher gemeinsam mit diesen Artmerkmalen sofort wahrgenommen, sind auch im Nest und beim „Kontaktsitzen" leicht sichtbar und werden außerdem während der Balz durch das Hin- und Herdrehen des Kopfes dynamisch hervorgehoben.

Schließlich muß noch die Bedeutung des schwarzen Schnabels beim Jungvogel erörtert werden. Neben der Kennzeichnung der Geschlechter ist die Kenntlichmachung von Jungtieren für eine Art von besonderer Wichtigkeit. Jungtiere sind nicht in der Lage, vor angreifenden Artgenossen zu fliehen oder sich ihnen gegenüber zu wehren und verfügen in den meisten Fällen noch über keine ausgesprochenen Demutgebärden. Sie müssen daher durch besondere Kennzeichen vor dem Aggressionstrieb fremder Artgenossen geschützt werden und dürfen andererseits auch keine Merkmale aufweisen, die den Sexualtrieb von Artgenossen in irgendeiner Weise anregen könnten.

Auch für den Jungvogel stellt beim Zebrafinken ein farbliches Merkmal die wirkungsvollste Kennzeichnung dar, wozu sich wiederum der großflächige Schnabel besonders eignet. Versuche und Beobachtungen zeigten, daß schwarzschnäblige Tiere sowohl vor männlichen Balzhandlungen als auch vor Angriffen jeglicher Art vollkommen sicher sind. So balzt selbst ein stark schwellerniedrigtes Männchen (S. 86) niemals einen Artgenossen oder eine Attrappe mit schwarzem Schnabel an. Selbst erwachsene Weibchen, denen der Schnabel schwarz angemalt worden war, wurden gemieden, obwohl sie selbstverständlich über die typischen weiblichen Verhaltensweisen verfügten. Andererseits genießen die Jungtiere innerhalb der Brutkolonie eine gewisse „Narrenfreiheit". Sie dürfen sich selbst fremden Brutnestern ungestraft nähern, während erwachsene Artgenossen sofort vertrieben werden (S. 40). Wiederum bleiben auch Altvögel mit künstlich geschwärztem Schnabel vor den Angriffen verschont. Aus diesen Beobachtungen und Versuchen geht somit einwandfrei hervor, daß ein junger Zebrafink für seine Artgenossen in erster Linie durch die Schnabelfarbe gekennzeichnet ist, der damit eine wichtige Aufgabe in der sozialen Kommunikation zufällt.

Der schwarze Schnabel des Jungvogels bietet darüber hinaus noch den Vorteil, daß er weniger auffällig ist als die leuchtend rote Schnabelfarbe der Erwachsenen und eine bessere Tarnung gewährleistet. In diesem Zusammenhang ist auf die Beobachtung zu verweisen, daß Eltern und Jungvögel sich in den Zeiten verminderter Aktivität stets in einiger Entfernung voneinander aufhalten, wodurch vermutlich eine Gefährdung der Jungvögel durch die weithin sichtbare Schnabelfarbe der Eltern vermieden wird.

Die vorstehenden Ausführungen zeigen, daß jedes Zeichnungs- und Farbmerkmal des wildfarbenen Zebrafinken für die innerartliche Verständigung von Bedeutung ist. Wie wichtig diese Signale sind, zeigt das Beispiel der weißen Mutation, der bis auf die Schnabelfarbe alle Abzeichen fehlen. Bei ihr ist auch die innerartliche Verständigung besonders schwierig. So gewinnt namentlich während der Balz infolge der fehlenden männlichen Abzeichen beim Weibchen leicht der Fluchttrieb die Oberhand, und es weicht dem sich nähernden Männchen aus, anstatt aktiv an der Balz teilzunehmen. Der Anblick des fliehenden Weibchens regt aber seinerseits den Angriffstrieb des Männchens an, so daß die Balz weißer Zebrafinken nicht selten in einer wilden Hetzjagd endet und damit die große Bedeutung des männlichen Prachtkleides in eindrucksvoller Weise demonstriert. Diese Erscheinung habe ich an anderer Stelle (Sonderheft der Gef. Welt, 1967) ausführlich geschildert.

3.2. Wie beeinflußt die Domestikation das Verhalten des Zebrafinken?

Das älteste und größte biologische Experiment, das die Menschheit je durchgeführt hat, ist die Domestikation wilder Tiere (Lorenz 1943). Während die Abstammung vieler echter Haustiere heute nicht mehr feststellbar und damit der biologische Vergleich mit ihren wilden Stammformen nicht mehr möglich ist, sind seit dem Beginn des vorigen Jahrhunderts von Liebhabern einige zur Käfighaltung besonders geeignete Vogelarten planmäßig gezüchtet worden, bei denen sich heute bereits typische Domestikationserscheinungen feststellen lassen. Von diesen Vogelarten ist sowohl die wilde Stammform bekannt und somit vergleichbar als auch der Zeitpunkt des Domestikationsbeginns relativ exakt feststellbar. So schreibt Steiner (1932) vom Wellensittich: „Der Domestikationsversuch beim Wellensittich ist in einer Art und Weise zu überblicken, wie dies bei keinem unserer Haustiere mehr möglich ist."

Innerhalb der Prachtfinken ist es ebenfalls mehrfach zu Domestikationsversuchen gekommen. Das vermutlich seit vielen Jahrhunderten in Ostasien aus dem Spitzschwanzbronzemännchen *(Lonchura striata subsquamicollis)* gezüchtete Japanische Mövchen zeigt heute alle Merkmale eines echten Haustieres. Der asiatische Reisfink *(Padda oryzivora)* weist namentlich in seiner leuzistischen Mutante, bereits deutliche Anzeichen beginnender Domestikation auf, während bei zahlreichen australischen Prachtfinken (Gouldamadine, *Chloebia gouldiae,* und Gürtelgrasfink, *Poephila cincta*) in den letzten Jahren ebenfalls charakteristische Domestikationserscheinungen beschrieben wurden.

Auch der Zebrafink kann heute als eine domestizierte Tierart gelten, sind doch bei ihm im Laufe der letzten Jahrzehnte viele der für alle Haustiere charakteristischen Veränderungen aufgetreten: eine vergrößerte innerartliche Variabilität zahlreicher Merkmale, Ausfallserscheinungen in der Federpigmentierung und schließlich Änderungen im artspezifischen Verhalten. Die Unterschiede im Aussehen wilder und domestizierter Zebrafinken, vor allem die im Verlauf der Haustierwerdung aufgetretenen Farbrassen, wurden bereits beschrieben (S. 56). Nicht minder auffallend und interessant sind jedoch die Differenzen im Verhalten. Sie zu untersuchen, war das Hauptziel meiner einjährigen Forschungsreise nach Australien, auf der ich die Verhaltensweisen wildlebender Zebrafinken genau beobachtete und mit dem bereits bekannten Verhaltensinventar der Käfigvögel in Europa vergleichen konnte. Die Ergebnisse dieses Vergleichs, die an anderer Stelle ausführlich dargestellt wurden (Immelmann 1962, 1963), sollen hier kurz zusammengefaßt werden. Dabei folge ich der von Lorenz (1940, 1943) gegebenen Einteilung domestikationsbedingter Störungen im arteigenen Verhalten von Tieren. Lorenz unterscheidet hauptsächlich die quantitativen Veränderungen der endogenen Reizproduktion, die die Häufigkeit bestimmter Triebhandlungen beeinflussen, und die Störungen der angeborenen Schemata.

3.2.1. Häufigkeit von Triebhandlungen

Der auffälligste Unterschied im Verhalten wilder und domestizierter Zebrafinken betrifft die quantitative Zusammensetzung ihres Aktionssystems: Einige Verhaltensweisen treten in Gefangenschaft häufiger auf als in Freiheit, sie hypertrophieren, andere dagegen werden seltener, d. h., sie hypotrophieren. Diese Unterschiede kann man folgendermaßen erklären: Im Gegensatz zu den einfachen Reflexen liegt den echten Instinkthandlungen nicht nur ein Anstoß von außen, sondern auch eine innere, d. h. vom Zentralnervensystem ausgehende, automatisch-rhythmische Energieerzeugung, das sogenannte „spezifische Aktionspotential" zugrunde. Sie bedingt einen „Trieb", der sich – im Gegensatz zum Reflex – bei langem Stau notfalls auch auf sehr schwache Außenreize hin und mitunter sogar völlig ohne äußeren Anstoß, d. h. im „Leerlauf", durch eine Instinkthandlung entlädt. Ein längerer Triebstau senkt also die Eintrittsschwelle einer angeborenen Verhaltensweise, d. h., diese wird immer leichter auslösbar, und das betreffende Tier gilt als „schwellerniedrigt".

Im Verlauf der Domestikation scheint sich nun dieses spezielle Aktionspotential einiger Triebhandlungen in charakteristischer Weise positiv oder negativ verändert zu haben. Das soll anhand einiger Beispiele erläutert werden: Die eindrucksvollste Veränderung betrifft den Geschlechtstrieb. Domestizierte Zebrafinken zeichnen sich im Vergleich zu ihren freilebenden Artgenossen vielfach durch eine Zunahme aller Balzhandlungen und der Kopulationen aus. Innerhalb des Funktionskreises der Balz steigern sich wiederum jene Verhaltensweisen am meisten, die der stärksten sexuellen Erregung zugeordnet sind. So geht die Balzeinleitung (S. 25) vielfach ganz verloren, während der Balztanz und vor allem die Kopulation mehrfach wiederholt werden. Eine ähnliche „Hypersexualisierung" ist auch von anderen domestizierten Prachtfinken und darüber hinaus von nahezu allen Haustieren bekannt.

Auch der Nestbautrieb neigt bei domestizierten Zebrafinken, vor allem bei den Männchen, zur Hypertrophie. Die Tiere stellen dann den Nestbau nicht zum rechten Zeitpunkt ein, sondern bauen auch nach der Eiablage noch weiter. Dadurch kann es zu Störungen im Brutablauf kommen, wenn die Eier zugedeckt werden und nicht mehr bebrütet werden können (S. 76). Bei den nächstfolgenden Triebhandlungen im Fortpflanzungszyklus, der Bebrütung des Geleges und dem Füttern der Jungen, kommt es dagegen manchmal zu einer Abnahme des Aktionspotentials. Die Folge ist, daß die Eier nur sehr unregelmäßig bebrütet werden und mitunter infolge zu starker Auskühlung zugrunde gehen oder daß die Nestlinge nur unzureichend gefüttert werden und daher kümmern oder ebenfalls absterben. Auch der Flucht- und Angriffstrieb hat im Laufe der Domestikation offensichtlich abgenommen, während das Geselligkeitsbedürfnis im allgemeinen gesteigert ist. Das kann einerseits dazu führen, daß Zebrafinken bei Gemeinschaftshaltung sich nicht mehr zum Brüten zurückziehen, sondern fast ständig in der Gruppe verbleiben, oder daß – vor allem bei Einzelhaltung – die Partner eines Paares sich nicht mehr regelmäßig beim Brüten ablösen, sondern stundenweise zusammen im Nest sitzen und dann wieder längere Zeit gemeinsam außerhalb des Nestes verbringen.

Diese wenigen Beispiele zeigen, daß das gesamte Verhaltensinventar bei domestizierten Zebrafinken quantitativ ganz anders zusammengesetzt ist als bei ihren freilebenden Artgenossen. Diese Unterschiede gibt es in genau gleicher Weise auch zwischen dem Japanischen Mövchen und seiner wilden Stammform, dem Spitzschwanzbronzemännchen. Sie bahnen sich außerdem auch bei den erst in neuerer Zeit planmäßig gezüchteten Prachtfinkenarten sehr deutlich an.

3.2.2. Störungen der Schemata

Instinkthandlungen sind jeweils durch ganz spezifische – zumeist optische und akustische – Merkmale, und nur durch diese, auslösbar.

Sie werden im innerartlichen Verkehr als Auslöser bezeichnet. Ihre Kenntnis kann angeboren oder erworben sein. Dementsprechend spricht man von einem angeborenen auslösenden Mechanismus (AAM) bzw. einem erworbenen auslösenden Mechanismus (EAM) oder von einem angeborenen bzw. erworbenen Schema für eine Triebhandlung. So wird z. B. ein Weibchen nur dann als Weibchen behandelt und angebalzt, wenn es in das „Weibchen-Schema“ des Männchens „paßt“. Um Artkreuzungen zu vermeiden, muß das Schema so „eng“ sein, daß eben nur das eigene Weibchen „hineingeht“, d. h., es muß alle für die betreffende Art typischen Merkmale enthalten. Bei Wildtieren bestehen die Schemata daher fast immer aus einer Reihe sehr charakteristischer Kennzeichen. Sie sorgen dafür, daß die betreffende Verhaltensweise nur zum biologisch richtigen Zeitpunkt, d. h. immer nur dann ausgelöst wird, wenn sie wirklich erforderlich ist. Im Verlauf der Domestikation werden derartige Schemata sehr häufig „weiter“, d. h., sie erleiden einen Verlust an Merkmalen, und die betreffende Triebhandlung wird dadurch immer leichter auslösbar. Das soll ebenfalls durch einige Beispiele verdeutlicht werden.

Eine merkliche Erweiterung erfährt bei domestizierten Zebrafinken das Schema für die Futterübergabe an den Jungvogel, das beim Wildtier außerordentlich spezifisch ist und sowohl die arteigenen Bettelbewegungen als auch die typische Rachenzeichnung des Jungvogels umfaßt. In Freiheit ziehen Zebrafinken stets nur Jungvögel der eigenen Art auf. Legt man ihnen artfremde Nestlinge unter, so werden diese niemals gefüttert und meistens sofort aus dem Nest geworfen. Beim domestizierten Tier ist das Schema des Jungvogels dagegen so weit geworden, daß hin und wieder auch Nestlinge anderer Arten „hineingehen“ und aufgezogen werden, in der Regel allerdings nur dann, wenn man die eigenen Jungen und damit jede Vergleichsmöglichkeit vorher entfernt hat. Noch stärker ist die betreffende Schemaerweiterung beim Japanischen Mövchen, das nahezu alle Prachtfinkennestlinge aufzieht, die man ihm unterlegt (vielfach sogar gemeinsam mit den Jungen der eigenen Art) und das daher von den Vogelliebhabern gern zur Ammenaufzucht seltener Prachtfinkenarten herangezogen wird (S. 96).

Die stärkste Erweiterung haben die Schemata für das Aussehen und die Balzhandlungen des Geschlechtspartners erfahren. Die Balz wildlebender Zebrafinken ist eine hochentwickelte, streng festgelegte Handlungskette, in der jede Einzelhandlung zugleich die nächstfolgende Balzbewegung des Partners auslöst (vgl. Schema 1, S. 26). Bleibt eine Reaktion des einen Partners aus, dann kann der andere nicht in die nächste Balzphase eintreten, die Handlungskette bricht ab. Für domestizierte Tiere dagegen genügt bereits der Anblick eines Geschlechtspartners, um die gesamte Handlungskette der Balz bis zur erfolgreichen Kopulation ablaufen zu lassen. In Attrappenversuchen habe ich geprüft, wie stark die Schemaerweiterung fortgeschritten ist:

Den Attrappen wurde ein artspezifisches Merkmal nach dem anderen weggenommen, bis zum Schluß nur noch eine graue Plastilinwurst mit rotem Vorderende (Schnabelfarbe!) übrigblieb. Selbst sie wurde von einigen Männchen noch angebalzt. – Auf Grund ihrer Schemaerweiterung für sexuelle Triebhandlungen balzen Zebrafinken mitunter auch andere Prachtfinkenarten an, was nicht selten zu Artkreuzungen führen kann (S. 79). Außerdem werden in Ermangelung von Weibchen auch männliche Artgenossen angebalzt, was wilde Zebrafinken so gut wie niemals tun (Abb. 24).

Die Frage nach der Ursache der beschriebenen Domestikationserscheinungen ist schon mehrfach diskutiert, aber bisher noch niemals endgültig beantwortet worden. Es steht jedoch fest, daß der Ausfall der natürlichen Selektion hierbei wohl die größte Rolle spielt. Sie wird durch eine künstliche Zuchtwahl ersetzt, deren Richtung von der der natürlichen Selektion stark abweicht oder ihr sogar entgegengesetzt sein kann. Während sich z. B. beim Wildtier besondere Vorsicht als vorteilhaft erweist, wird der Züchter gerade die zahmsten und vertrautesten Tiere auswählen, d. h. natürliche und künstliche Selektion wirken in genau entgegengesetzten Richtungen. – Bei allen vom Menschen gehaltenen Tieren werden außerdem ganz allgemein stets diejenigen Individuen ausgewählt, die sich unter unnatürlichen Bedingungen am leichtesten fortpflanzen. Sie werden vom Züchter für die Weiterzucht ausgewählt; alle „Versager“ werden ausgeschieden. Dadurch unterliegen die Tiere einer außerordentlich starken Selektion gerade im Hinblick auf den Sexualtrieb, und damit kann man sich letztlich auch die bereits erwähnte „Hypersexualisierung“ der Haustiere erklären.

Die zweite Frage, die in diesem Zusammenhang erörtert werden muß, ist die nach der erblichen Verankerung der beschriebenen Domestikationserscheinungen. Für ihre morphologischen Merkmale sind echte Mutationen bereits seit langem bekannt und vielfach auch in ihrem Erbgang verfolgt worden. Bei den Verhaltensänderungen lassen sie sich naturgemäß viel schwerer ermitteln. Es kann daher heute noch nicht entschieden werden, welche der oben beschriebenen Domestikationserscheinungen im Verhalten bereits erblich bedingt sind und dementsprechend auch beim Zurückbringen des Tieres in die freie Wildbahn erhalten bleiben würden. Ganz allgemein stellt die Domestikation zunächst einen populationsgenetischen Vorgang dar: Innerhalb der natürlichen Variationsbreite, die jede Art in ihren Verhaltens- und morphologischen Merkmalen aufweist, werden die für den Menschen geeignetsten zur Zucht ausgewählt, die ungeeigneten ausgeschieden. Damit wird aber die Variationsbreite bereits erheblich eingeengt, weil einige Erbanlagen mit den ausgeschiedenen Tieren einfach „verlorengehen“. Darüber hinaus können jedoch im Laufe der Domestikation auch neue Mutationen, d. h. sprunghafte Änderungen des Erbgutes, auftreten, die bei der wilden Stammform noch nicht vorhanden waren. Auch sie werden von Generation zu Generation weitergegeben. Freilich handelt es sich selbst hierbei um einen durchaus natürlichen Vorgang: Auch in Freiheit treten bei allen Tieren ständig kleinere und größere Mutationen auf, doch können sich dort nur diejenigen von ihnen halten, die ihrem Träger einen biologischen Vorteil bringen. Alle übrigen werden ausgemerzt. In Gefangenschaft dagegen bleiben solche Mutationen vielfach nicht nur erhalten, sondern werden planmäßig weitergezüchtet. Ein weißer Vogel z. B. fiele in Freiheit sehr rasch einem Greifvogel zum Opfer, während er in Gefangenschaft seines Seltenheitswertes halber besonders sorgfältig gepflegt und zur Zucht angesetzt wird. Ähnlich ist es mit den Verhaltensweisen. Bei vielen Haushuhnrassen ist der Bruttrieb völlig verlorengegangen. Sie müßten in Freiheit längst ausgestorben sein. Der Mensch aber, der auf die durch den fehlenden Bruttrieb vergrößerte Legeleistung Wert legt, läßt die Eier von Hennen anderer Rassen oder von Brutmaschinen ausbrüten und kann dadurch diese Rassen erhalten. Ungeklärt und vorläufig auch unlösbar bleibt allerdings in diesem Zusammenhang die Frage, ob auch die Z a h l der auftretenden Mutationen in Gefangenschaft vielleicht größer ist als in Freiheit.

Schließlich sei noch ein Wort zu der Frage erlaubt, warum sich gerade der Zebrafink so leicht hat domestizieren lassen, während andere australische und afrikanische Prachtfinken, die der Mensch seit ebenso langer Zeit hält und zu züchten versucht, sich der Domestikation bislang widersetzt haben. Hier hat zweifellos die Lebensweise des Zebrafinken in Freiheit eine entscheidende Rolle gespielt. Zum einen ist er ein typischer „Allerweltsvogel“, der in seinen Biotop-, Nahrungs- und Brutansprüchen nicht sehr spezialisiert ist und deshalb auch ohne Schwierigkeit mit den unnatürlichen Lebensbedingungen in Gefangenschaft vorlieb nimmt. Zum anderen hat der Zebrafink in Anpassung an den unregelmäßigen Klimaverlauf in seiner Heimat eine ganzjährige Aktivität der Keimdrüsen und damit die Fähigkeit entwickelt, sofort nach dem Einsetzen günstiger Lebensbedingungen zu brüten und so lange praktisch eine Brut auf die andere folgen zu lassen, wie die Ernährungsgrundlage es gestattet (S. 49ff.). Diese Eigenschaft hat die Züchtung in Gefangenschaft ganz außerordentlich erleichtert und stellt die zweite Grundlage der leichten Domestizierbarkeit dar. In diesem Zusammenhang ist es interessant, daß sich unter den verbreitetsten und am stärksten domestizierten Käfigvögeln noch eine zweite, in gleicher Weise angepaßte Vogelart aus den Trockengebieten Australiens befindet, nämlich der Wellensittich.

Abschließend muß noch darauf hingewiesen werden, daß nicht alle in Europa gehaltenen Zebrafinken die beschriebenen Domestikationserscheinungen in gleicher Weise zeigen. Sie sind bei manchen Tieren besonders stark, bei anderen dagegen schwächer oder kaum wahrnehmbar ausgebildet, so daß das heute vorhandene Zebrafinkenmaterial sehr unterschiedliche Domestikationsstufen repräsentiert. Das liegt natürlich vor allem daran, daß nach der Ersteinfuhr und Erstzüchtung des Zebrafinken noch viele Neuimporte von Wildfängen erfolgten, so daß die heute gehaltenen Tiere eine verschieden große Zahl von Gefangenschaftsgenerationen „hinter sich haben", d. h. ein unterschiedliches Domestikationsalter aufweisen. Außerdem ist das Auftreten der erwähnten Erbänderungen natürlich zufällig und kann bei manchen Tieren schneller, bei anderen langsamer erfolgt sein.

3.3. Zur Frage der Prägung

Im Kapitel 3.1. (S. 80ff.) wurde erläutert, welche Bedeutung die einzelnen Farb- und Zeichnungsmerkmale für die gegenseitige Verständigung von Zebrafinken haben. Es wurde jedoch noch nichts darüber ausgesagt, ob die Tiere diese Merkmale angeborenermaßen kennen oder ob sie ihre Bedeutung erlernen müssen.

Um diese Frage zu ergründen, führen wir am Zoologischen Institut der Technischen Universität Braunschweig seit einigen Jahren planmäßige Untersuchungen durch. Die Grundlage dieser Arbeiten ist ein einfacher Austauschversuch: Wir setzen Zebrafinken und Japanische Mövchen zur Brut an, nehmen später jeweils einzelne Eier aus den Gelegen der Zebrafinken heraus und fügen sie annähernd gleichaltrigen Mövchengelegen bei. Infolge der bereits erwähnten domestikationsbedingten Schemaerweiterungen (S. 87ff.) ziehen die meisten Mövchen den Fremdling ohne Störungen groß und füttern ihn ebenso eifrig wie ihre eigenen Jungen. Sobald der junge Zebrafink selbständig ist, wird er von seinen Stiefeltern und -geschwistern getrennt und nun in einem Einzelkäfig so untergebracht, daß er weder Zebrafinken noch Mövchen sehen kann.

Durch eine derartige „Fremdaufzucht" muß sich die oben gestellte Frage ganz einfach beantworten lassen: Wenn der Vogel eine angeborene Kenntnis der arteigenen Kennzeichen hat, wird er sich – sobald er Gelegenheit dazu hat – anderen Zebrafinken anschließen, obwohl er noch niemals im Leben welche gesehen hat. Wenn er die Erkennungszeichen dagegen in der Jugend lernen muß, wird er sich zu den Mövchen hingezogen fühlen, die ja die einzigen Lebewesen sind, die er in seinem bisherigen Leben kennengelernt hat.

Eine solche Entscheidung haben wir in langen Versuchsreihen mit mehr als hundert mövchenaufgezogenen Zebrafinkenmännchen immer wieder herbeigeführt: Sobald die Tiere geschlechtsreif waren, wurden sie in den bereits beschriebenen Zweifach-Wahlversuchen (S. 81) mit jeweils einem Zebrafinken- und einem Mövchenweibchen zusammengebracht. Um jede „persönliche" Erinnerung auszuschließen, wurden stets nur fremde Mövchen und niemals die eigene Stiefmutter angeboten. Außerdem wurden die Weibchen von Versuch zu Versuch gewechselt. Vielfach wurden dem Männchen auch Weibchenattrappen geboten, um

Verhalten und Stimme auszuschalten und wirklich nur die Reaktion auf das Aussehen zu prüfen. Allerdings wurden jetzt keine Plastilinattrappen, sondern ausgestopfte Vögel verwendet.

Die Ergebnisse waren verblüffend eindeutig: Alle von Mövchen aufgezogenen Männchen balzten in den Auswahlversuchen fast ausschließlich das Mövchen bzw. die Mövchenattrappe an, hielten sich während der meisten Zeit bei ihnen auf, setzten sich in den Ruhepausen neben sie und kraulten sie im Gefieder (Abb. 25 bis 29). Nur wenige Männchen balzten ganz selten auch einmal das Zebrafinkenweibchen an, die meisten beachteten es entweder gar nicht oder hackten es und jagten es schließlich mit Wutlauten im ganzen Käfig umher. Die Versuchstiere betrachteten also ausschließlich die Mövchen als Sexual- und Sozialkumpane. Folglich müssen sie deren kennzeichnende Merkmale (Gefieder- und Schnabelfarbe) während ihrer Jugend kennengelernt haben, und damit ist die oben aufgeworfene Frage zugunsten einer erlernten Merkmalskenntnis entschieden.

Nun können die Tiere prinzipiell natürlich sowohl von den Eltern als auch von den Geschwistern gelernt haben. Wer hier die wichtigere Rolle spielt, wurde durch einfache Variationen in der Versuchsanordnung geklärt: Wir legten den Stiefeltern manchmal nur einzelne Eier unter, so daß der Zebrafink später inmitten einer Stiefgeschwisterschar von Mövchen aufwuchs, während ein anderes Mal ganze Gelege vertauscht wurden, wodurch die Tiere zwar artfremde Eltern aber artgleiche Geschwister hatten. Trotzdem war zwischen den späteren sexuellen und sozialen Reaktionen kein Unterschied. Offenbar sind es also die Eltern (in diesem Fall die Stiefeltern), die das Bild des Artgenossen im Jungvogel festlegen.

Ähnliche Austauschexperimente führten wir auch zwischen den einzelnen Farbrassen des Zebrafinken durch: Wir ließen weiße durch wildfarbene aufziehen und umgekehrt. Wiederum bevorzugten die Tiere später jeweils die Farbrasse, in deren Nest sie groß geworden waren (Abb. 30). Selbst bei Mövchen-Stiefeltern wurden feine Unterschiede gemacht: Zebrafinken, die von weißen Mövchen aufgezogen worden waren, balzten später bevorzugt weiße Mövchen bzw. Attrappen an, solche, die bei braunen Mövchen groß geworden waren, dagegen braune. Schließlich ist es uns zweimal gelungen, Zebrafinken völlig isoliert von allen anderen Vögeln vom Ei ab mit der Hand aufzuziehen. Diese Tiere balzten später den Pfleger an und ließen sich von ihm im Gefieder kraulen, während sie ihre eigenen Artgenossen nicht beachteten (Abb. 31 und 32).

Das Balz- und Sozialverhalten als solches, d. h. die einzelnen Bewegungsweisen der Kopulationseinleitung, der Paarbildung und der sozialen Gefiederpflege sowie die „Begrüßungsbewegungen“, waren jedoch bei allen „fremdaufgezogenen“ Zebrafinken in völlig normaler Weise ausgebildet. Die Triebhandlungen selbst sind also angeboren, aber sie sind eben „objektlos“ angeboren, d. h., die Kenntnis des Objektes, auf das sie gerichtet werden sollen (Sozial- bzw. Geschlechtspartner), muß erst erworben werden.

Dieser Erwerbsvorgang zeigt nun einige Besonderheiten, die ihn vom „gewöhnlichen“ Lernen stark unterscheiden. So erweist sich die einmal erworbene Kenntnis als außerordentlich stabil, d. h., sie kann in der Regel nicht mehr „vergessen“ werden, sie ist irreversibel. Diese Eigenart haben wir auf zweifache Art geprüft: Um festzustellen, ob die Bevorzugung des Mövchens in den Auswahlversuchen von Dauer ist oder ob sich das Männchen nicht ganz allmählich doch noch für das arteigene Weibchen entscheidet, haben wir in großen Volieren jeweils eines der fremdaufgezogenen Männchen mit je acht Zebrafinkenweibchen und einem einzigen Mövchenweibchen zusammengehalten und die Tiere mit Nestern und Baustoffen versorgt. Obwohl das Männchen dadurch unter den arteigenen Weibchen eine relativ große Auswahl hatte, verpaarte es sich in allen geprüften Fällen mit dem Mövchen, baute mit ihm ein Nest und beteiligte sich in durchaus normaler Weise an der Bebrütung des Geleges, das leider – da sich Zebrafink und Mövchen verwandtschaftlich sehr fern stehen – fast immer unbefruchtet war (S. 80). Um die Zebrafinkenweibchen kümmerte es sich dagegen kaum; nur aus der Nähe des Nestes wurden sie wütend vertrieben. Der längste dieser Versuche dauerte mehr als zwei Jahre. Auch danach hielt die Verpaarung mit dem Mövchen unverändert an.

In einer zweiten Gruppe von Versuchen wurden die Männchen sogar *gezwungen*, mit einem arteigenen Weibchen zu brüten: Sie wurden einzeln mit einem Zebrafinken-Weibchen in einen Brutkäfig gesetzt, von dem aus sie keine Mövchen sehen und hören konnten. Beim Fehlen jeder Auswahlmöglichkeit nahmen die Tiere zum Schluß das gebotene Weibchen als „Ersatzobjekt“ an und beteiligten sich in der Regel auch an der Brut und der Aufzucht der Jungen. Brachte man ein solches Männchen nach dem Ende der Brut(en) dann wieder in einen der geschilderten Auswahlversuche, so balzte es von Anfang an in altgewohnter Weise nur noch das Mövchen an. Selbst bei diesen Tieren hatte sich also nichts an der Bevorzugung der Mövchen geändert.

Die Austauschversuche erbrachten noch weitere interessante Ergebnisse. So zeigte es sich, daß das Kennenlernen der Merkmale offenbar ziemlich rasch erfolgen kann: Wir isolierten die Versuchstiere zu sehr verschiedenen Zeitpunkten von ihren Stiefeltern, und die jüngsten waren bei der Trennung erst 29 Tage alt, d. h. gerade selbständig geworden. Sie hatten also insgesamt höchstens 18 Tage lang Gelegenheit gehabt, ihre Eltern zu sehen, da sich die Augen der Nestlinge – wie erwähnt – erst am 11. Lebenstag richtig öffnen (S. 35). Aber auch danach sind die optischen Kontaktmöglichkeiten im halbdunklen Nest natürlich begrenzt, so daß wahrscheinlich nur die Zeitspanne zwischen dem Ausfliegen und der Isolation, d. h. insgesamt 7 oder 8 Tage, vollwertige

Lernmöglichkeiten bieten konnten. Trotzdem richteten diese Tiere ihre sexuellen und sozialen Reaktionen später genauso ausschließlich auf die Mövchen wie die zu einem späteren Zeitpunkt isolierten Männchen.

Diese Tatsache ist in zweierlei Hinsicht bemerkenswert: Sie zeigt zum einen, daß ein Zusammensein von nur wenigen Tagen genügt, um die Kenntnis bestimmter Merkmale für das ganze Leben festzulegen. Sie beweist aber zum anderen auch, daß die Tiere die Kennzeichen des Geschlechtspartners zu einem Zeitpunkt lernen können, zu dem sie selbst noch gar nicht geschlechtsreif sind.

Damit aber zeigt die Festlegung des Objektes für die sexuellen Triebhandlungen beim Zebrafinken einige Eigenschaften, die für die sogenannten Prägungsvorgänge kennzeichnend sind. Der Begriff der Prägung wurde 1935 von Konrad Lorenz eingeführt. Es handelt sich um einen Lernvorgang besonderer Art, der sich vom gewöhnlichen Assoziationslernen in sehr charakteristischer Weise unterscheidet. Er ist vor allem durch seine Irreversibilität gekennzeichnet, d. h. durch die auch für den Zebrafinken erwähnte Tatsache, daß eine einmal „eingeprägte" Kenntnis u. U. zeitlebens nicht mehr vergessen wird. Außerdem erfolgt die Prägung im allgemeinen sehr schnell und kann in einigen Fällen (z. B. bei der Nachlaufprägung, s. u.) sogar innerhalb von Minuten vollzogen sein. Schließlich ist sie stets an eine bestimmte Entwicklungsphase im Leben des Organismus, die sogenannte „sensible Periode", gebunden. Kommt das Tier während dieser Zeit (etwa bei völlig isolierter Aufzucht) nicht mit einem geeigneten Prägungsobjekt in Berührung, dann wird die sensible Phase „verpaßt", und die Triebhandlung kann nicht mehr auf ein einziges, eindeutig gekennzeichnetes Objekt festgelegt werden. Ein derartiges Tier läuft dann wahllos sehr vielen Lebewesen nach oder balzt später wahllos alles an, was sich bewegt.

Prägungsvorgänge sind bereits aus mehreren Funktionskreisen bekannt. Besonders verbreitet sind sie bei frisch geschlüpften Nestflüchtern (Enten, Gänsen usw.), die oft die Eltern nicht angeborenermaßen kennen, sondern jeweils dem ersten Lebewesen nachlaufen, das sie erblicken (und das in Freiheit natürlich immer die eigene Mutter ist). Durch diese erste Folgereaktion wird dann die Kenntnis aller kennzeichnenden Merkmale unauslöschlich geprägt, und das Jungtier schließt sich danach nur noch dem einmal festgelegten Prägungsobjekt an. Ist das erste Lebewesen zufällig ein Mensch, so folgt das Küken von nun an unaufhörlich seinem Pfleger, stößt klägliche Angstrufe aus, wenn es ihn aus den Augen verliert, und ist nicht mehr dazu zu bewegen, seiner eigenen Mutter oder irgendeiner Stiefmutter zu folgen. Lorenz vergleicht den Vorgang der Nachlaufprägung sehr treffend mit einem Photopapier, das beim Schlüpfen im Jungtier bereit liegt und durch den ersten Anblick eines Lebewesens belichtet wird.

Aber auch die Festlegung des Objektes für sexuelle Triebhandlungen, d. h. der Erkennungsmerkmale des späteren Geschlechtspartners, erfolgt sehr oft in Form einer Prägung. So erweisen sich handaufgezogene Vögel häufig als „menschengeprägt", d. h., sie erblicken nur im Menschen einen Partner und lassen sich später nicht mehr oder nur unter großen Schwierigkeiten mit einem Artgenossen verpaaren. Das gilt auch für handaufgezogene Zebrafinken (S. 92). Die gleiche Erscheinung beobachtet man bei solchen Tieren, die – in ähnlicher Weise wie die von uns geprüften Zebrafinken – durch eine fremde Art aufgezogen worden sind. Solche Austauschversuche sind vor allem von Schutz (1965) an Enten durchgeführt worden. Die genaue Natur des Prägungsvorganges ist allerdings bis heute noch nicht endgültig geklärt.

Gegenüber dem gewöhnlichen Lernen durch Versuch und Irrtum bietet die Prägung einige entscheidende biologische Vorteile, die sich gerade beim Zebrafinken sehr gut aus seiner Lebensweise erklären lassen: Durch die Prägung wird sichergestellt, daß der Jungvogel schon durch den Anblick seiner Eltern die Kenntnis aller artspezifischen Erkennungsmerkmale vermittelt bekommt und erfährt, wie sein späterer Geschlechtspartner aussieht, so daß diese Kenntnis fix und fertig parat ist, sobald er sie beim Erreichen der Geschlechtsreife benötigt. Wenn die Tiere selbständig sind, kommen sie in Schwärmen häufig mit anderen Arten in enge Berührung (S. 82), und die Gefahr von Fehlpaarungen wäre wahrscheinlich recht groß, wenn die Jungtiere zu diesem Zeitpunkt noch keine genaue Kenntnis vom Aussehen des arteigenen Geschlechtspartners hätten.

Nachdem einmal grundsätzlich bekannt war, daß die Kenntnis bestimmter Objekte für angeborene Triebhandlungen durch Prägungsvorgänge erworben werden kann, konnten wir weitere Detailfragen dieses interessanten Vorganges zu klären versuchen. Wir untersuchten, ob der Vater stärker prägt als die Mutter, welche Rolle die persönlichen Bindungen zwischen den Jungen und ihren Eltern (bzw. Stiefeltern) für die Prägung spielen und wie das Prachtkleid des Männchens den späteren Angriffstrieb der Jungvögel beeinflußt. Außerdem zeigte es sich sehr bald, daß die Weibchen beim Zebrafinken wesentlich schlechter prägbar sind als die Männchen, weshalb bisher auch absichtlich nur von den Männchen die Rede war. Außerdem sind Weibchen in den Auswahlversuchen wesentlich schlechter testbar, weil sie über keine so klar quantifizierbaren sexuellen Verhaltensweisen verfügen wie die Männchen in Gestalt ihres Balztanzes. Es würde zu weit führen, alle Einzelheiten unserer Prägungsstudien an Zebrafinken hier mitzuteilen. Sie können an anderer Stelle nachgelesen werden (Immelmann 1965, 1966, 1967).

Nur eine einzige Frage soll hier wegen ihrer Bedeutung für die Praxis noch kurz angeschnitten werden: die genaue Dauer der sensiblen Periode. Es wurde bereits erwähnt, daß mit 29 Tagen abgesetzte Zebrafinken später genauso streng möwchengeprägt sind wie einige Tage oder Wochen später isolierte Tiere. Die sensible Phase muß also in jedem Fall schon vor dem Ende der vierten Lebenswoche beginnen. Auf der anderen Seite läßt sich bei geschlechtsreifen Tieren – wie erwähnt – die Mövchen-Prägung nicht mehr beeinflussen, d. h., die sensible Phase muß spätestens mit dem Erreichen der Geschlechtsreife abgeschlossen sein. Wir wollten nun wissen, wie es in der Zwischenzeit aussieht. Zu diesem Zweck isolierten wir wiederum mövchenaufgezogene Zebrafinken zu verschiedenen Zeitpunkten von ihren Stiefeltern, brachten sie anschließend aber nicht sofort einzeln unter, sondern setzten sie zunächst für eine Woche in eine große Voliere mit vielen Zebrafinkenmännchen und -weibchen. Obwohl die Zahl der in dieser Weise geprüften Tiere noch nicht sehr groß ist, lassen die Versuche bereits folgende vorsichtige Verallgemeinerung zu: Liegt der einwöchige Aufenthalt bei den Artgenossen v o r dem 50. Lebenstag, so balzen die Tiere später trotz der Mövchenaufzucht nur Zebrafinken an, liegt er aber nach diesem Zeitpunkt, so zeigen sie die übliche Bevorzugung der Mövchen. Da aus den Versuchen mit sofort – d. h. ohne Zwischenaufenthalt bei Artgenossen – isolierten Tieren bekannt ist, daß Zebrafinken am 30. oder 40. Lebenstag bereits auf ihre Stiefeltern geprägt sind, bedeutet das, daß während des einwöchigen Zusammenseins mit Zebrafinken noch eine Umprägung auf die eigene Art stattgefunden haben muß. Nach der eigentlichen sensiblen Periode gibt es demnach beim Zebrafinken noch eine weitere Phase, zu der zwar das Objekt für sexuelle Triebhandlungen bereits festgelegt worden ist, während der es aber durch ein „besseres“ Vorbild noch einmal geändert werden kann. Auch die „umprägbare Phase“ ist aber bereits vor dem 50. Lebenstag endgültig zu Ende, d. h., um diese Zeit ist die bereits erwähnte Irreversibilität der Prägung erreicht. Diese Feststellung ist für den Züchter von großer praktischer Bedeutung (siehe unten).

Die Umprägbarkeit junger Zebrafinken zeigt aber noch etwas anderes: Da das Objekt für sexuelle und soziale Triebhandlungen bei ihnen ja eigentlich bereits festgelegt war, sie es aber trotzdem noch einmal änderten, müssen also die Artgenossen, mit denen sie eine Woche zusammen waren, ein „besseres“ Prägungsvorbild gewesen sein als die Mövchen. Das ist nur so zu erklären, daß auch beim Zebrafinken e i n z e l n e Merkmale des Artgenossen (und zwar wahrscheinlich die Lockrufe) angeborenermaßen bekannt sind und die Prägung auf die übrigen Merkmale erleichtern, wodurch ganz allgemein auf einen Artgenossen leichter geprägt wird als auf fremde Arten. Natürlich handelt es sich hierbei um eine zusätzliche Sicherung, daß in Freiheit stets nur die Merkmale der eigenen Art in das geprägte Bild vom Artgenossen eingehen.

Das Phänomen der Prägung ist auch unter den Vogelliebhabern, und hier in ganz besonderem Maße gerade unter den Prachtfinkenzüchtern, bekannt. Vielfach werden die Eier oder Nestlinge seltener oder schwer zu züchtender Prachtfinken Japanischen Mövchen untergelegt, und regelmäßig zeigen die Tiere dann später die gleiche Prägung auf die Stiefeltern, wie sie vom Zebrafinken beschrieben wurde: Sie verpaaren sich – zumindest in Anwesenheit von Mövchen, in den meisten Fällen aber auch ohne sie – nur schwer oder gar nicht mit Artgenossen und sind für die Weiterzucht daher kaum mehr zu gebrauchen. So viele biologische Vorteile die Prägung für das Freileben der Art mit sich bringt, so nachteilig kann sie sich also für die Zucht in Menschenobhut auswirken. Die Folgen einer Aufzucht durch Mövchen können nur dann etwas gemildert werden, wenn man die von ihnen aufgezogenen Prachtfinken sofort nach dem Selbständigwerden mit Artgenossen zusammenbringt und alle Mövchen aus dem Hör- und Sichtbereich entfernt. In diesem Fall ist meistens noch eine Umprägung auf die eigene Art möglich (s. o.). Verpaßt man jedoch die umprägbare Phase, dann ist die „Fehlprägung", wie die Erscheinung von den Vogelzüchtern vielfach bezeichnet wird, zeitlebens nicht mehr zu ändern. So besitzen wir in unserem Institut gegenwärtig einen von Mövchen aufgezogenen Zebrafinken, der bereits sechs Jahre alt ist, für einen Prachtfinken also schon ein recht hohes Alter erreicht hat. Er balzt bei Auswahlmöglichkeiten noch heute genauso ausschließlich Mövchen an, wie er es im Jünglingsalter tat, und würdigt die Zebrafinkenweibchen nach wie vor kaum eines Blickes. Da die Ammenaufzucht durch Mövchen auch sonst noch schwerwiegende Ausfallserscheinungen mit sich bringt, die hier im einzelnen nicht erörtert werden können (vgl. Immelmann-Steinbacher-Wolters 1965 ff.), muß hier noch einmal sehr eindringlich vor jeder Form der Fremdaufzucht bei Prachtfinken gewarnt werden.

Kürzlich hat Sargent (1965) beim Zebrafinken noch in einem anderen Funktionskreis Lernvorgänge festgestellt, die wahrscheinlich als Prägung zu bezeichnen sind. Es handelt sich um die Auswahl des Nistmaterials: Sargent bot bei einigen Brutpaaren grünes, anderen braunes und wieder anderen rotes Baumaterial. Die Jungvögel dieser Paare isolierte er jeweils im Alter von 30 Tagen und bot ihnen mit 90 Tagen, d. h. als sie gerade geschlechtsreif waren, Baumaterial aller drei Farben zur Auswahl an. Es zeigte sich, daß die in grünen Nestern aufgewachsenen Tiere grünes Material, die in braunen großgewordenen dagegen braune Stoffe eindeutig bevorzugten. Nur die aus roten Nestern hervorgegangenen Jungen ließen keine derartige Bevorzugung erkennen. Offenbar wirken daher bei der späteren Auswahl des Baumaterials zwei Faktoren mit: eine angeborene Bevorzugung für den grünen bis braunen Farbbereich, die auf ausgefallene Farben (rot) von vornherein nicht anspricht, und ein Lernvorgang in frühester Jugend, der die angeborene Kenntnis einengt und das Objekt für die Triebhandlungen des Nestbaues genauer festlegt. Da auch dieser Lernvorgang wiederum sehr rasch und sehr frühzeitig, d. h. vor dem Reifen des eigenen Bautriebes, stattfindet, kann er mit den bereits beschriebenen Prägungsvorgängen durchaus verglichen werden. Auch Nestform und Nistplatz scheinen nach Sargent durch frühkindliche Erfahrungen beeinflußt zu werden.

3.4. Entwicklung der Lautäußerungen

Lange Zeit wurde angenommen, daß die kurze Gesangsstrophe des Zebrafinken angeboren sei. Die bereits beschriebenen Austauschversuche mit Japanischen Mövchen zeigten jedoch, daß diese Annahme nicht uneingeschränkt gültig ist: Zebrafinken, die von Mövchen aufgezogen wurden, tragen nämlich später einen Gesang vor, der dem des Stiefvaters in nahezu allen Einzelheiten entspricht, während er mit dem Gesang anderer Zebrafinken und selbst mit der Strophe des eigenen Vaters sehr wenig Ähnlichkeit hat (Abb. 33).

Die Tatsache, daß mövchenaufgezogene Zebrafinken wie Mövchen singen, beweist allein allerdings noch nicht, daß der Gesang völlig erworben werden muß. Um zu prüfen, ob es nicht doch irgendwelche angeborenen Gesangsanteile gibt, ließen wir einzelne Tiere in schallisolierten Kammern nur durch Zebrafinkenweibchen oder durch Mövchenweibchen aufziehen. Gerade die Mövchen sind schon so stark domestiziert, daß sich bei ihnen – sofern keine Männchen anwesend sind – auch zwei Weibchen zu einem „Paar" zusammenschließen, Eier in ein vorbereitetes Nest legen (selbst bauen sie keine Nester) und – sofern man ihre eigenen unbefruchteten Gelege gegen befruchtete Eier austauscht – die schlüpfenden Jungen gemeinsam aufziehen.

Die auf diese Weise groß gewordenen Zebrafinken, die auch nach Trennung von den beiden Stiefmüttern weiterhin ständig in schallisolierten Kammern gehalten wurden, die also niemals Gelegenheit hatten, einen anderen Vogelgesang zu hören, bildeten später trotzdem eine Gesangsstrophe aus. Zwar sind solche Strophen stets sehr gleichförmig, bestehen oft nur aus aneinandergereihten Lockrufen von Mövchen oder Zebrafinken, die durch ein paar einfache Laute verbunden sind, und werden sehr viel langsamer vorgetragen als von einem mit Vorbild aufgewachsenen Männchen, doch zeigen sie, daß der Zebrafink eben doch über ein angeborenes Strophengerüst verfügt. Diese Grundlage wird normalerweise durch das Anhören von anderen Zebrafinken zum arteigenen Balzgesang ergänzt, kann aber auch durch das Hören fremder Gesänge völlig verdrängt werden. Das ist bei den mövchenaufgezogenen Tieren der Fall.

Damit besteht der Gesang beim Zebrafinken sowohl aus angeborenen als auch aus erlernten Anteilen. Auch hier zeigt allerdings der Lernvorgang wiederum einige Besonderheiten. Es zeigte sich nämlich, daß alle mövchenaufgezogenen Männchen den Gesang ihres Stiefvaters auch dann mehr oder minder vollständig nachahmten, wenn sie schon isoliert worden waren, *bevor* sie selbst zu singen anfingen. Selbst die am 30. Lebenstag und kurz danach, d. h. mehrere Wochen vor dem eigenen

Gesangsbeginn, getrennten Versuchstiere brachten später einen dem Vorbild sehr ähnlichen Gesang. Zwischen ihnen und den um den 80. Lebenstag isolierten Tieren, die schon selbst etwas sangen, bestanden im Grad der Übereinstimmung mit dem Stiefvater nur geringfügige, quantitative Unterschiede. Zebrafinken nehmen also ihren Gesang schon sehr frühzeitig vom Vorsänger auf, offenbar bereits kurz nach dem Ausfliegen, d. h. etwa um dieselbe Zeit, zu der auch die sexuelle Prägung stattfindet. Sie müssen beim Anhören des Vorbildes an irgendeiner Stelle im Zentralnervensystem ein „Sollmuster" ihres Gesanges festlegen, nach dem sie sich orientieren können, wenn sie später selbst zu singen beginnen.

Bringt man nun Zebrafinken mit Mövchengesang nach dem 90. Lebenstag, d. h. zu einer Zeit, zu der die eigene Gesangsstrophe gerade voll entwickelt ist, mit Artgenossen zusammen, so muß man feststellen, daß sie auch in deren Gesellschaft ihren artfremden Gesang unverändert beibehalten. Selbst nach Wochen und Monaten ändert sich an ihrer Strophe so gut wie nichts mehr, auch wenn sie ständig „echte" Zebrafinkengesänge hören können, die eigentlich besser in ihr angeborenes Strophengerüst passen als ihr eigener Gesang. Sobald die Gesangsstrophe einmal fix und fertig ausgebildet ist, scheint es den von Mövchen aufgezogenen Männchen demnach nicht mehr möglich zu sein, weitere Motive aufzunehmen, selbst wenn diese von Artgenossen stammen und selbst wenn ihre Strophe bisher noch keine arteigenen Elemente enthielt. Der Gesang scheint mit seiner ersten Vollendung irreversibel festgelegt zu sein.

Auch von anderen Singvögeln (Nachtigallen, Buchfinken) ist bekannt, daß sie einzelne Gesangsmotive schon sehr frühzeitig, d. h. kurz nach dem Verlassen des Nestes, aufnehmen können, die sie erst im folgenden Frühjahr selbst vortragen. Die endgültige Ausformung des Gesanges erfolgt bei ihnen aber stets erst im darauffolgenden Jahr am Beginn der Brutzeit, wenn sie ihre Reviernachbarn ständig hören und von ihnen weitere Motive übernehmen. Einzelne Arten (Amsel, Spottdrossel) ergänzen ihren Gesang sogar noch in den folgenden Jahren. Beim Zebrafinken dagegen scheint nach der ersten Ausbildung der eigenen Strophe die Fähigkeit zu ihrer weiteren Vervollständigung so gut wie völlig verlorengegangen zu sein. Damit stimmt die Festlegung der Gesangsstrophen des Zebrafinken in einigen Merkmalen auffallend mit den oben geschilderten Prägungsvorgängen überein. Sie erfolgt in einer sensiblen Phase, ist danach weitgehend irreversibel und kann schon stattfinden, ehe die Triebhandlung (in diesem Fall der Gesangsvortrag selbst) voll ausgereift ist. Ein tiefgreifender Unterschied zu den bisher bekannten Prägungsvorgängen besteht allerdings darin, daß hier nicht das *Objekt* für eine *angeborene* Triebhandlung, sondern die – aus den Bewegungen der Stimmbänder bestehende – Triebhandlung selbst festgelegt wird.

Zunächst hatten wir die Zebrafinken, deren Gesang wir genau studieren wollten, immer in schallisolierten Kammern aufziehen lassen, damit sie wirklich nur den Stiefvater hören konnten. Es zeigte sich jedoch bald, daß auch diejenigen Männchen später einen Mövchengesang vortrugen, die von Mövchen in einem gewöhnlichen Brutkäfig in einem Raum aufgezogen worden waren, in dem sich neben Mövchen auch zahlreiche Zebrafinken befanden. Diese Tiere konnten also vom ersten Augenblick an stets auch arteigene Gesänge hören. Trotzdem nahmen sie ganz selektiv den artfremden Gesang ihres Stiefvaters auf. Diese erstaunliche Tatsache ist nur so zu erklären, daß die Tiere ein offenbar angeborenes Bestreben haben, sich bevorzugt den Gesang des eigenen Vaters (hier Stiefvaters) anzueignen, d. h. einen Vogel zum Vorbild zu wählen, zu dem eine enge persönliche Bindung besteht. Trägt ein derartiger Vorsänger artfremde Laute vor, so werden sie gleichzeitig hörbaren, jedoch von fremden Vögeln vorgetragenen Lauten vorgezogen.

Diese strenge Bevorzugung soll offenbar sicherstellen, daß der Jungvogel in Freiheit trotz der ihn häufig – besonders in artenreichen Biotopen – umgebenden Vielfalt von Rufen und Gesängen jeweils nur auf die Lautäußerungen des Vaters achtet und auf diese Weise stets den arteigenen Gesang erlernt. Darüber hinaus verfügen Zebrafinken – wie wir in anderen Versuchsreihen nachweisen konnten – auch noch über eine, allerdings wesentlich schwächere Bevorzugung der arteigenen Laute, die sich offenbar besonders leicht in das angeborene Strophengerüst einfügen lassen, so daß insgesamt eine doppelte Sicherung besteht. Auf weitere Einzelheiten kann hier nicht eingegangen werden, sie wurden jedoch an anderer Stelle dargelegt (Immelmann 1965, 1967). Prägungsartige Vorgänge in der Gesangsentwicklung sind auch von einigen anderen Vögeln bekannt. Besonders ausgeprägt sind sie bei den brutschmarotzenden Witwen *(Viduinae)*, die auf diese Weise in der Jugend bestimmte Lautäußerungen ihrer Wirtsvögel aufnehmen (Nicolai 1964).

Die im Teil 3 dieses Büchleins dargestellten Ergebnisse sollten zeigen, wie hervorragend geeignet der Zebrafink als Studienobjekt für ethologische Forschungen ist und welch interessante Auskünfte auf sehr verschiedene Fragen er zu geben vermag. Sie sollten jedoch gleichzeitig demonstrieren, wie fesselnd und vielfältig die Lebensäußerungen dieser kleinen Vogelart sind und wie sehr gerade hier auch der interessierte Vogelliebhaber und -züchter durch gewissenhafte Beobachtung zur Vermehrung unserer Kenntnisse beitragen kann.

4. Schrifttum

4.1. Bücher

Cayley, N. W. (1932): Australian Finches in Bush and Aviary. Sydney.

Dost, H. (1964): Prachtfinken. Leipzig-Jena.

Enehjelm, C. af (1965): Zebrafinker, Mågetfinker og Risfugle. Kopenhagen.

Immelmann, K. (1960): Im unbekannten Australien. Pfungstadt/Darmstadt.

— (1965): Australian Finches. Sydney.

— (1966): Die australischen Plattschweifsittiche. 2. Auflage. — Die Neue Brehm-Bücherei 334. Wittenberg Lutherstadt.

—, Steinbacher, J., und H. E. Wolters (1965 ff.): Prachtfinken. 2. Auflage. II. Band. In: Vögel in Käfig und Voliere. Hrsg. J. Steinbacher und H. E. Wolters. Aachen.

Neunzig, K. (1921): Fremdländische Stubenvögel. Magdeburg.

Serventy, D. L., und H. M. Whittell (1962): Birds of Western Australia. 3. Auflage. Perth.

4.2. Zeitschriften

The Emu, Melbourne

The South Australian Ornithologist, Adelaide

Die Gefiederte Welt, Pfungstadt/Darmstadt

The Avicultural Magazine, London

Australian Aviculture, Melbourne

Stuefuglene, Kopenhagen

Foreign Birds, Nottingham

The Zebra Finch Society Yearbook, Cambridge

4.3. Im Text zitierte Einzelarbeiten aus Zeitschriften

Cade, T., Tobin, C. A., und A. Gold (1965): Water economy and metabolism of two estrildine finches. — Physiol. Zool. 38, 9—33.

Cleland, J. B. (1931): Notes on the birds of Central Australia between Alice Springs and Macdonald Downs. S.-Austral. Ornithol. 11, 13—21.

Curio, E. (1960): Ontogenese und Phylogenese einiger Triebäußerungen von Fliegenschnäppern. — J. Orn. 101, 291—309.

Enehjelm, C. af (1956): Colour breeding with Zebra Finches. — Foreign Birds 22, 165—172.

— (1967): Geschichte, Unterbringung und Farbenvererbung des Zebrafinken. — Gef. Welt, Sonderheft, 2. Auflage.

Farner, D. S. (1966): Photoperiodic control of reproductive cycles in birds. In: Science in Progress, 15th ser. New Haven und London.

—, und D. L. Serventy (1960): The timing of reproduction in birds in the arid regions of Australia. Anat. Rec. 137, 354.

Frith, H. J., und R. A. Tilt (1959): Breeding of the Zebra Finch in the Murrumbidgee Irrigation Area, New South Wales. – Emu 59, 289–295.

Hall, M. F. (1962): Evolutionary aspects of estrildid song. – Symp. Zool. Soc. London, No. 8, 37–55.

Heijlen, K. H. (1957): De Zebravink. – Onze Vogels 18, 135–136 und 295.

Immelmann, K. (1959): Experimentelle Untersuchungen über die biologische Bedeutung artspezifischer Merkmale beim Zebrafinken (*Taeniopygia castanotis* Gould). – Zool. Jb. Syst. 86, 437–592.

– (1967): Verhaltensstudien am Zebrafinken. – Gef. Welt, Sonderheft, 2. Aufl.

– (1962): Beiträge zu einer vergleichenden Biologie australischer Prachtfinken (*Spermestidae*). – Zool. Jb. Syst. 90, 1–196.

– (1962): Vergleichende Beobachtungen über das Verhalten domestizierter Zebrafinken in Europa und ihrer wilden Stammform in Australien. – Z. Tierzüchtg. 77, 198–216.

– (1962): Biologische Bedeutung optischer und akustischer Merkmale bei Prachtfinken (Aves: *Spermestidae*). – Verh. Dtsch. Zool. Ges. (Saarbrücken 1961) 369–374.

– (1963): Tierische Jahresperiodik in ökologischer Sicht. – Zool. Jb. Syst. 91, 91–200.

– (1963): Wie verändert die Domestikation das Verhalten der Tiere? – Umschau 63, 590–594.

– (1965): Objektfixierung geschlechtlicher Triebhandlungen bei Prachtfinken. – Naturwiss. 52, 169.

– (1965): Prägungserscheinungen in der Gesangsentwicklung junger Zebrafinken. – Naturwiss. 52, 169–170.

– (1965): Versuch einer ökologischen Verbreitungsanalyse beim australischen Zebrafinken, *Taeniopygia guttata castanotis* (Gould). – J. Orn. 106, 415–430.

– (1966): Zur Irreversibilität der Prägung. – Naturwiss. 53, 209.

– (1967): Zur ontogenetischen Gesangsentwicklung bei Prachtfinken. – Verh. Dtsch. Zool. Ges. (Göttingen 1966), 320–332.

– (1968): Zur biologischen Bedeutung des Estrildidengesanges. – J. Orn. 109, 284–299.

– (1968): Besonderheiten in der Gesangsentwicklung junger Prachtfinken. – Umschau 68, 179–180.

– und G. Immelmann (1967): Verhaltensökologische Studien an afrikanischen und australischen Estrildiden. – Zool. Jb. Syst. 94, 609–686.

Keast, A. (1961): Bird speciation on the Australian continent. – Bull. Mus. comp. Zool. Harvard 123, 305–495.

Lorenz, K. (1935): Der Kumpan in der Umwelt des Vogels. – J. Orn. 83, 137–213 und 289–413.

– (1940): Durch Domestikation verursachte Störungen arteigenen Verhaltens. – Z. angew. Psychol. 59, 2–81.

– (1943): Die angeborenen Formen möglicher Erfahrung. – Z. Tierpsychol. 5, 235–409.

Mayr, E. (1944): Timor and the colonization of Australia by birds. – Emu 44, 113–130.

McGilp, J. N. (1944): Bird life west of Oodnadatta, South Australia. – S. Austral. Ornithol. 17, 1–9.

Michaelis, H. J. (1962): Über die Haltung kleiner Exoten. 18. Der Zebrafink. – Falke 9, 24–26, 63–66 und 98–103.

Morris, D. (1954): The reproductive behaviour of the Zebra Finch *(Poephila guttata)*, with special reference to pseudofemale behaviour and displacement activities. – Behaviour 6, 271–322.

Nicolai, J. (1959): Verhaltensstudien an einigen afrikanischen und paläarktischen Girlitzen. – Zool. Jb. Syst. 87, 317–362.

– (1964): Der Brutparasitismus der Viduinae als ethologisches Problem. – Z. Tierpsychol. 21, 129–204.

Oksche, A., Farner, D. S., Serventy, D. L., Wolff, F., und C. A. Nicholls (1963): The hypothalamo-hypophysial neurosecretory system of the Zebra Finch, *Taeniopygia castanotis*. – Z. Zellforsch. 58, 846–914.

Radtke, G. A. (1958): Der Zebrafink als Zucht- und Ausstellungsvogel. – Gef. Welt 82, 4–7 und 28–30.

– (1958): Praktische Zebrafinkenzucht. – Gef. Welt 82, 121–124.

– (1967): Die Farb-Mutationen des Zebrafinken, ihre Zucht und Bewertung auf Ausstellungen, Pflege und Zucht. – Gef. Welt, Sonderheft, 2. Auflage.

Sargent, T. D. (1965): The role of experience in the nest building of the Zebra Finch. – Auk 82, 48–61.

Schutz, F. (1965): Sexuelle Prägung bei Anatiden. – Z. Tierpsychol. 22, 50–103.

Serventy, D. L., Nicholls, C. A., und D. S. Farner (1967): Pneumatization of the cranium of the Zebra Finch *Taeniopygia castanotis*. – Ibis 109, 570–578.

Steiner, H. (1932): Vererbungsstudien am Wellensittich, *Melopsittacus undulatus* (Shaw). – Arch. Jul. Klaus-Stiftg. 7, 37–202.

– (1958): Artspezifische Merkmalsphänokopien bei australischen Prachtfinken, *Spermestidae*, insbesondere beim Zebrafinken, *Taeniopygia castanotis* Gould. – Arch. Jul. Klaus-Stiftg. 33, 62–70.

– (1958): Eine neue, intermediär und geschlechtsgebunden vererbende Farbmutation des Zebrafinken, der „Hellrücken"-Zebrafink. – Gef. Welt 82, 222–224.

Whitlock, F. L. (1910): On the East Murchison. – Emu 9, 181–219.

Ziswiler, V. (1959): Besonderheiten in der Ontogenese der Prachtfinken *(Spermestidae)*. – Vjschr. naturf. Ges. Zürich 104, 222–226.